過去現在未來
台灣殯葬產業
的沿革與展望
WA 萬安生命

推薦序

榮耀生命的終極服務

近年來，由於社會的進步與時代觀念的改變，殯葬業已由過去民眾傳統觀念避諱、嫌厭的行業，漸漸轉型為高學歷、高EQ、高專業的服務明星產業；也由傳統葬儀社轉變為生命禮儀服務公司，朝企業、集團化經營模式，更讓一般大眾對於生命禮儀多了一份好奇的關注，對生命教育多了一份尊重的態度。

萬安生命事業機構對產業的用心、付出與盡力，將殯葬產業的歷史演進，透過深入研究與考究查訪的方式，與三代傳承的殯葬工作從業者的觀點串聯，闡述實務的經驗，文化變遷的觀察，及產業中各面向的沿革、發展與未來趨勢等，從民國初年鄉里互助的非營利模式，轉變為葬儀社的地方性經營，一步一腳印地踏實耕耘。隨著社會的進步與時代觀念的改變，從基礎教育做起，服儀形象的要求，服務專業的用心，丙級、乙級相關證照制度的建立與取得，將「土公仔」蛻變為孝道與喪禮文化維繫的「禮儀師」，承擔榮耀生命的終極服務，發展企業式的連鎖化與品牌經營。整本書的內容深入淺出，就像看一部台灣殯葬近代史般，讓我深感佩服。

讀過此書後，相信你也會跟我一樣，對這產業有了不同的思維與認知，很慶幸我們生逢於此時，讓這些專業禮儀師將摯愛家人的最後一程得以圓滿善終，生命得以綻放光彩與璀璨。

誠摯地與各位分享並推薦此書！

前立法委員

陳金德

推薦序

產業須法令規範，服務須肯定認同

殯葬服務品質需要產、官、學界三方面的戮力合作，才能全面提升並保障消費者權益，進而改變殯葬服務業在社會上的形象並提升民眾的觀感。殯葬服務業亦如其他服務業，必須有優質的設施及禮儀人員才能提供高品質的服務。九十一年公布施行的「殯葬管理條例」，就是政府揭櫫提升殯葬服務的政策目標及規範各級政府輔導殯葬服務業的各項具體方案措施。

殯葬服務業隨著消費者意識的改變，已不再是傳統服務業者所可以承攬。目前的殯葬服務業已轉變為企業化及複合式的行業，它必須再結合相關的行業才能轉型為殯葬產業，進而提供優質的服務，滿足消費者的需求。至於殯葬服務業要如何轉型為殯葬產業，則必須在組織架構、經營管理、財務制度及人員素質等方面做大幅度的調整。期盼產、官、學界共同努力與合作。

萬安生命在2010年6月出版《禮儀師的世界》一書，可看出萬安生命對於提升從業人員素質及其在社會上定位的用心與努力，不愧為殯葬服務業界的先行者，值得殯葬服務業界的認同。本次又編纂《過去‧現在‧未來——台灣殯葬產業的沿革與展望》一書，更是盡到一個業者應盡的社會教育責任。相信本書一定會得到產、官、學界的重視與肯定，消費大眾更可藉由本書透析殯葬服務業，揭去殯葬的神祕面紗，萬安生命的努力值得讚許。

前新竹殯葬管理所所長

譚維信

推薦序

為歷史做見證的先行者

從傳統的角度來看，無論是個人或公司，通常都沒有自己為自己做傳的。之所以如此，是因為傳統認為自己為自己作傳可能很難達到客觀公正的境地。為了給予自己一個客觀公正的評價，所以傳統一般都會將作傳的權利讓給後來的第三者。因此，傳統要求我們要做的是，盡可能保存現有的史料以待未來第三者為我們作傳。

根據這樣的標準，我們可能認為現在這本書的出版似乎不太適切。因為，這本書的出版顯然違反了自己不為自己作傳的原則。可是，這本書的出版難道就沒有道理了嗎？實際上，只要我們瞭解其中的原委，就會知道這本書的出版還是有其道理的。

一般而言，傳統之所以認為自己為自己作傳是不合適的，其中最大的理由在於自己為自己作傳不是太過抬舉自己，就是太過貶抑自己，很難客觀公正地看待自己。所以，為了客觀公正地看待自己，只好把作傳的權利讓給未來的第三者。可是，未來的第三者是否真的能夠客觀公正地看待自己，其實並不一定？如果要未來的第三者能夠客觀公正地看待自己，那麼前提就是未來的第三者可以客觀公正地瞭解自己。

問題是，殯葬產業是一個特殊的產業，是一個與死亡禁忌有關的產業。所以，一般人在瞭解時很容易用一般人的經驗與觀點來瞭解這個產業。如此一來，對這個產業的瞭解就很難客觀公正。相反地，這樣的瞭解不是充滿了誤解就是錯解。因此，為了避免這樣的困擾，也為了讓一般人有機會客觀公正地瞭解這個產業，我們有必要在提供史料的同時也提供自己的觀點。

基於這樣的理由，萬安生命率先出版這本書，目的就在於除了史料的提供之外，更進一步提供自己的觀點，讓未來的人瞭解萬安生命是如何發展的？為什麼要這樣發展？不過，如果只是做到這一步，那麼我們所瞭解的也只是萬安生命本身的發展。對這本書而言，這樣的交代顯然還不太夠。因為，這樣的交代只是交代萬安生命本身的貢獻。至於萬安生命處在這樣的時代當中，對這樣的時代有什麼樣的貢獻，其實並不清楚。所以，為了清楚萬安生命處在這樣的時代當中有何特殊的貢獻，這本書進一步從萬安生命的角度論述台灣殯葬產業的沿革與展望。

對我們而言，這一步的跨出其實是很重要的。因為，一般而言，有關這一類的研究都是學者在做的工作。可惜的是，一般學者在研究時常常會不知實務而昧於理論，以至於無法確實掌握實務所要呈現的意義。如此一來，這一類的研究就會陷於自說自話的困境。為了避免這樣的困境，也為了

客觀公正地瞭解台灣殯葬產業的沿革與展望，我們需要殯葬業者提出自己對於殯葬產業的沿革與展望的看法，做為這一類研究的對照與補充看法。

從這一點來看，我們發現萬安生命已經走在同業的前面，足以成為殯葬產業的楷模。因為，他們不只對自己的發展有了很清楚的交代，也對自己該負有的歷史責任有很明確的交代。透過這樣的雙重交代，我們不僅瞭解了一家大型殯葬公司的成長史，也瞭解這一家殯葬公司在面對時代的變遷問題時是如何回應這個時代的要求，以及對這個回應的態度與認知。為了肯定萬安生命的作為，也為了鼓勵其他同業能出現類似的作為，特別為之序！

中華殯葬教育學會理事長

尉遲淦 博士

推薦序

在生命轉接處的跨專業交棒與無縫接軌

本人從事護理教育與臨床工作近四十年，在家庭生活與護理工作中，經常需面對人生中的生老病死，及其交織著喜怒哀樂的複雜情緒，深刻的體會到：生命是有限與珍貴的，是無常與無奈的，但也是上帝之恩賜與永恆。回顧人的一生，自生命孕育後，在醫護人員的協助下迎接生命的到來，展開生命多采多姿的序幕，更在醫護人員的用心呵護下能免於身心疾病之困擾，順利完成上帝交付艱難與神聖的使命；最後在醫護人員的祝福下，將完成的生命成績單經由『禮儀師』順利的轉交到生命的起源——「來的地方」，成就此人不朽的一生。而在生命轉接處與過渡期，常是人生中最淒苦與最動容的時刻，它包含著當事人對世界與親人的不捨及悲傷，面對家人對未來的手足無措與徬徨。如何讓美麗的樂章起於醫護人員，在醫療無效後將此人順利交付生命事業者——「禮儀師」，讓美麗的生命順利過渡，完美的畫上休止符，這應該是禮儀師的角色與功能。

近年生命事業受到重視應來自於人們對生命的尊重，因為死亡並非消失，而是生命中的一個環節，需要坦然面對。因此，殯葬產業也被稱為生命事業，甚至目前積極推展生前契約之理念，已將原本的陰晦印象改為光明形象，足見殯葬文化觀念與內涵之蛻變。專業禮儀師的出現是希望讓生命在最後一刻，以其嚴謹的訓練、對生命之詮釋、敬業態度、嫻熟之專業行為、專業證照與殯葬評鑑，協助往生者與生者做最後的告別，可為往生者之生命在後人心中留下美好的回憶。身為醫護人員，對此專業的重要性、工作者之熱忱與工作性質給予高度之肯定。

本人有幸先行閱讀《過去・現在・未來——台灣殯葬產業的沿革與展望》一書，深受感動與極受啟發。本書內容涵蓋面廣，學理與實務兼具，理性與感性素材豐富，文字深入淺出，具有高度實用價值，值得向社會人士大力推薦。本人樂於為序。

中山醫學大學護理學院教授
李　選

推薦序

時空輪轉，禮儀恆存——殯葬傳承的企業使命

台灣的殯葬事務在近六十餘年來以發生了「驚天動地」變化來形容並不為過，其快速程度令人目眩神迷。

自光復初期喪葬事務民間鄰里互助自辦民俗式的傳統簡陋殯葬模式，到四〇年末，五〇年代初期城市出現小型葬儀社接手，發展到七〇年代葬儀社林立，普及全國各地；迄今八〇年代以後隨著經濟發展的腳步，大型殯葬企業紛紛出現，競爭激烈化，喪葬禮儀服務更人性化、創新化，到如今人文殯葬模式的建立。這中間的變化過程，萬安生命在每一環節上都扮演著關鍵性角色，是推手，更確切地說是引領風潮，大家競相仿效，成為模範榜樣，近年來更成為大陸同業來台觀摩學習的對象。

諸如萬安生命倡導「亡者安心，生者放心，生歿兩安」、「用你想要的方式．道別」等，而建立了人文殯葬的模式，講求創新、真心、誠心、熱心、貼心的服務，改變殯葬環境的陰暗、忌諱，使台灣殯葬事業和文化起了極大的變化。改革陋習並非「一蹴可幾」，全賴萬安生命創辦人吳伙丁先生、榮譽董事長吳坤篁先生、董事長吳賜輝先生，父子兩代的領導、倡導、指導，有方法、有步驟、善宣導、誘導，一步一腳印走過來的。例如多次訪問中國大陸、日本、美國、馬來西亞、新加坡、香港等國際殯葬交流，採摘他山之石將東西方殯葬文化冶於一爐，而成就了後天的改變，萬安生命對台灣殯葬產業的改革成就貢獻極大。

去年萬安生命出版了《禮儀師的世界》一書，是以小說的方式描述禮儀師處理個案的故事，現在又出版《過去・現在・未來——台灣殯葬產業的沿革與展望》，這本書記述著台灣殯葬產業的過去和現在，轉折和改變情況，一層接一層完整鋪陳，鉅細靡遺的貫穿台灣殯葬產業發展和演變史蹟的各個層面，更進一步，以他們的親身體會、田野訪察、服務理念和服務經驗，「以人為本」的革新、創新作為，提出了改革建言和未來的展望。無論是否競爭的對手，都應看作是對台灣殯葬產業界的一大事，具有極大的貢獻，應非虛言。

我們推薦這本書，可提供政府官方在處理殯葬事務和施政上的參考；殯葬產業界相互印證學習的參考；有關殯葬、生死教育的學者專家研究探討的參考；更重要是社會大眾對殯葬事務的認識和瞭解，去除忌諱的心魔。

中華民國殯葬禮儀協會　謹撰

目　錄

導 論

人類自從有史以來就存在一個永遠不變的事實，那就是無論我們屬於什麼階層，生活在什麼環境，每一個人的一生當中都會遭受到摯愛的至親好友離開人間時的哀傷悲痛，深感無奈。而且自己終究會面對死亡的來臨所造成無法避免的恐慌，這就是所謂的人生，也是生命的過程。

當親人生命結束離開世間的時候，生者對亡者的後事處理方式，雖然因為種族、宗教、習俗、觀念等因素而有不同，儘管因當事者家境貧富、儀式場面大小、費用支付多寡等狀況的差別，相信均是懷著不捨的心情，而以最誠摯嚴謹的儀式舉行告別，同時圓滿的安葬善終，並且表達無限的追思。

對於往生親人後事的處理方式，由於時代的變化、社會的進步、經濟的發展、都市化人口的聚集、民眾知識的普遍提升，以及生死觀念的轉變影響，致使殯葬文化隨之產生了莫大的變革。不過無論如何的轉變，仍然保存著尊敬法則和嚴肅的規律，因此所有殮、殯、葬的方式都在這法則、規律的軌道上運行；唯有使用的禮儀商品、用具和儀式的內涵程序，隨著殯葬產業研發的進展而不斷的求新求變。

《過去．現在．未來——台灣殯葬產業的沿革與展望》一書係由萬安生命科技公司總經理室研發組與學術界鑽研殯葬文化的人士共同編撰，內容非常詳盡而且至為廣泛，總共分成十四章五十一節八十七目，它記載近世紀以來台灣殯葬產業文化的沿革，從日本統治時代殯葬主事者的鄉紳，光復初期主事者由村里長取代鄉紳。民國五〇至七〇年代因經濟起飛和都市化的結果，對殯葬文化的衝擊造成了亂象四起，如收費標準不一、紅包習俗盛行，甚至沾染黑道色彩情形，嚴重損害殯葬業的形象，迄今仍留下些許傷痕。直到民國八十六、七年間，萬安生命前董事長（現任榮譽董事長）吳珅篁先生高瞻遠矚，眼光獨到，發現當時的中大型醫院太平間大都設在地下室或較偏僻陰暗的角落，有感於這種情形對亡者確實大為不敬，因而毅然投入大量的財力、心力，在承攬長庚醫院林口院區往生室（太平間）管理時進行全面整建，改善燈光色系及空間動線規劃，設置接待室、家屬休息室、助念室、祭拜室、禮體室、悲傷輔導室等，形成環境明亮溫馨，感覺舒適又潔淨，令人耳目一新，往昔對太平間陰暗鬱悶的印象全部消除，同時將合理的收費標準公布明朗化，並嚴禁禮儀人員收受紅包。這樣的改變正是殯葬界的重大創舉事件，從此之後同業間群起效尤，也促進醫院往生室的管理水準大大提升。此舉充分展現吳榮譽董事長的敏銳度和把握機會的果斷力。

民國九〇年代迄今，殯葬業終於全面快速脫離傳統、陳腐、缺乏規矩的負面形象，加上政府對殯葬業的管理更加嚴格，曾多次修訂殯葬管理條例，並且頒布殯葬服務業查核評鑑及獎勵辦法，定期評鑑，實施禮儀師專業證照考試制度，增加就業保障。繼而學術界開始重視殯葬文化的研究，同時對政府和民間陸續提供改進的意見。某些大專院校更成立殯葬禮儀相關的科系，培育殯葬服務人才。萬安生命更率先要求禮儀人員自我提升素質，尤其在服裝儀容方面，男、女禮儀師一律穿著制服配戴名牌，顏面潔淨，甚且加強職前訓練和在職教育，期許大家在時代的潮流之下，步上前瞻性和發展性的道路。

從事殯葬產業的確是不會沒落的，除非業者沒有用心經營，有了缺失不去改善。因為有人就有殯葬業，尤其是近二十年來出現的墓園、靈骨塔位、生前契約的促銷，在這行業興起另一波的榮景；萬安生命則堅持殯葬服務業以客為尊、凡事力求客製化，讓顧客選擇多樣化，表現專業、尊重和親切的態度，經營管理朝向企業化，這一切轉變的過程的確非常困難和辛苦。

萬安生命成立迄今已逾六十五個年頭，創辦人吳伙丁先生是榮譽董事長吳珅篁與董事長吳賜輝昆仲的尊翁，他在世時為人急公好義、樂於施捨，以殯葬為良心事業，因而被譽為「殯葬大善人」，他的善行無以計數，在本書的記述中可以略知部分感人的事蹟。如今他的兩位公子繼承先父志業，戰戰兢兢地經營萬安生命這個優良品牌。現任董事長吳賜輝先生獨具經營智慧，抱持求新求變的理念與要求，促進殯葬業整體水準的提升，時時勉勵全體同仁要切實做到讓亡者心安、生者無憾的境界。至於執行經營管理實務的主角——

蕭壽顯總經理於八年前到任以來，一向秉持「誠信」、「務實」的信念，對內從自我要求做起，凡事以身作則，講求職掌明確，充分授權，用人唯才，並且積極培養優秀幹部。對外以和為貴，吸取同業的優點藉供提升服務品質，因而獲得顧客的信賴和業界的讚許，更贏得部屬的尊敬。

目前的萬安生命事業機構，如同一艘續航力強大、結構至為堅實的巨輪，在瞬息萬變的海洋中，全體船員（公司同仁）服從船長（董事長）和大副（總經理）協力的領導指揮之下，朝著永續經營的方向，順順利利、安安穩穩的航行前進。

萬安生命科技股份有限公司董事會　謹述

民國一〇一年六月一日

1 從日治時代到光復初期

- 溫情互助的原鄉同胞
- 日治時代
- 光復初期

台灣是一個移民型的社會，清代時期大量的閩粵同胞開始移民來台生活，和台灣的原住民交流結合，將原鄉的文化也移植到這片土地上，由於移民人數眾多且和當地住民女子通婚，逐漸形成了台灣文化的根基；而後接受日本殖民統治，藉著皇民化運動的政策，其文化與禮俗在台灣生根發展，至今仍受影響；隨後台灣光復，國軍撤退來台，又帶來了許多不同的禮俗習慣，台灣因而形成現今擁有多種族群、文化豐富並茂的樣貌；其中，殯葬文化也隨著時代的演進有了不同階段的改變。

溫情互助的原鄉同胞

清代來台的移民大多是同一地區移入者群聚在一起，維持來自原鄉的生活習慣；當時交通不便，若有人往生，遺體無法渡海返鄉，只好埋葬異鄉，又因為清代曾有法令明訂男子不得攜家帶眷，所以這些人大多沒有宗族親人，在台灣的同鄉友人彼此幫忙後事，形成了台灣殯葬文化的根基。

當人往生後，得先問清楚其祖籍何處，以其原鄉的殯葬習俗為之辦理後事。當時瞭解這些原鄉禮俗的人，只有同樣身為同鄉的移民者才知道該怎麼做，於是同鄉之間便互相幫忙張羅處理，逐漸形成了溫馨貼心的殯葬民風。

鄰里之間一旦有人往生，不論有沒有親屬關係，都會自動自發，義務性的幫忙，有辦法買到便宜、品質又好的棺木

的人介紹通路，會裁縫的人幫忙縫製喪服，也會幫忙找人選好日子還有墓地；漸漸地形成一種組織，每當有人往生，組織就出來幫忙處理勞務性的事情，這使得喪家在懷抱著悲傷的心情處理繁瑣的殯葬事務時，能夠減輕一些負擔。

還有人為了避免在父喪或母喪時手頭拮据，沒有能力辦理喪事，因此聯合了十多位或是更多的人一起組成了「父母會」，當「父母會」組織當中的成員碰上父母過世時，其餘成員會繳交固定的金額以協助喪親者，也會提供人力幫忙治喪，這樣的組織在清代很多，到了日治時代乃至光復初期仍然存在。

日治時代

一、鄉紳成為殯葬儀式的主導者

經過清代一直到日本占領統治，台灣的族群早已相互融合，而聚落裡的人們也不再單純是同一族群，不同族群的人們開始住在同一地區，形成村落；日本政府來台治理，為了讓殖民地的社會秩序能上軌道，於是借助在地方上較有號召力的人士，以由上至下的方式推廣日本的社會制度和風俗習慣，強化台灣人民對日本的忠誠度，具有號召力的人士被稱之為「鄉紳」。部分「鄉紳」被日本政府委以督導、教育鄉里居民之責，而擔任「保正」的職務（相當於現今的「里長」一職）。

日治時代乃至台灣光復初期，各種文化與制度的變革推動，往往借助鄉紳的力量，這些鄉紳在當時大多是社會上較具經濟實力，或是知識水平比較高的人物，透過他們的影響力讓民眾心甘情願地上行下效，殯葬文化也是如此。

鄉紳在地方上因為其說話有號召力、公信力，能讓民眾信服，所以當碰上繁瑣的殯葬事宜時，民眾多半會去請教鄉紳並且尋求其協助，於是鄉紳成為殯葬過程中的指導者。

治喪期間的人員調度、儀式流程的掌控，大多由鄉紳來分派調整，包括奠禮中的「禮生」也是由鄉紳來擔任（禮生指的就是現今的司儀，以前稱作禮生），當時的禮生是整場奠禮中最高權力的指揮官，和現在的禮生（現在的禮生，一般稱之為「襄儀」）是站在司儀旁邊聽其號令有所不同。而喪家與前來協助籌備治喪的親友及街坊鄰居成為聽從指揮者，負責提供勞務、購買殯葬用品等等的事務，全程聽候鄉紳發號施令。

在一般情況下，「鄉紳」具有世襲性質，當父輩的「鄉紳」因年老、過世等因素而無法繼續擔負起原有責任時，會令其子繼續接掌殯葬的處理事宜，原因有三：第一，知識水平較其他鄰人高；第二，父親傳授替人辦喪的經驗，使其相較於他人更瞭解殯葬儀式運作與統籌的重點；第三，鄰人民眾們對其信任感已有基礎。代代相傳的傳統使得鄉紳得以成為日治時代台灣殯葬儀式的主導者。

二、因地制宜的殯葬儀式

日本政府在推動台灣社會制度改革時，除了下達政策命令給地方行政執法單位外，也會告知鄉紳，但法令傳到民間仍有改變，這是由於鄉紳瞭解在地的文化和當地的風俗民情，也深知傳統習俗早已深植於一般民眾的生活，難以在短時間內配合政令轉換，於是鄉紳在政令執行的做法上會有所變通，不一定完全按照法令執行。

例如大體的處理，日本和台灣就有所不同。日治時代日本的棺木用的是木桶，將大體以坐姿放入桶內，埋到地下，稱之為「坐葬」，和台灣的傳統葬法不同。關於殯儀的限制，日本政府在台執法不那麼嚴格，對葬法並無特定要求，至於墓地的規劃也無明確的規範，遂造成當時墳墓「亂葬」的現象。

相較之下，真正有所限制的是大體處理的時間，日本政府嚴令大體必須在規定的時間內處理完畢，這可以說是日治時代日本對於台灣公共衛生領域最具體的貢獻之一。

另一方面，在日治時代就已開始有葬儀社的組織雛型，這類組織專門替人處理身後事。以台北為例，當時大約有十多家葬儀社，半數是日本人開設，另一半則是台灣人自己籌辦的，被譽為「殯葬業界的大善人」，同時也是萬安生命事業機構創辦人的吳伙丁先生，當時在承繼身為「鄉紳」的父親終身服務鄉里居民後事的使命後，成立了其中一家葬儀社。

日治時代的殯葬行業要求嚴格，必須通過層層的身家調查才得以申請營業執照，而且整個殯葬的過程也必須參照日本的殯葬禮儀，雖然日本政府有一套制度化的規定，不過由於台灣本地的民間習俗影響甚大，鄉紳及葬儀社便因應當地民俗風情做出些許調整，規劃適合當地的喪禮儀節，吳伙丁先生主要是以台灣原有的民間儀式替人辦理喪事。

在此時期，台灣的民間信仰已經融合了其他的宗教，殯葬儀式也受其影響逐漸繁複，但是因日本政府掌控宗教信仰，具有宗教色彩的殯葬儀式必須私底下偷偷地進行，不能浮上檯面，這部分就得借助鄉紳和本地人開設的葬儀社幫忙。

三、日治時代保留至今的殯葬傳統

日本統治台灣五十年，在經濟、教育、社會制度等等各方面都有深厚的影響，殯葬禮俗亦是如此，日本許多的傳統和習慣也留存於台灣殯葬禮儀之中。

例如，現在台灣人常說的「告別式」一詞，其實在台灣傳統禮俗中應該稱為「奠禮」，「告別式」則是日本的說法；此外張貼「示喪紙」的動作也是依循日治時代的做法，在家門口貼上「忌中」或是「慈制」（母親往生）、「嚴制」（父親往生），其中「忌中」是日本的講法，在中國傳統文化中用的是「喪中」，在中國傳統文化中，人剛往生到奠禮之前的這段期間稱作「喪」，這段期間因為要守喪，故

治喪紙貼的是「喪中」，不過這兩者在代表「家庭中有人亡故」的意思上是沒有差別的。

日本對台政策的末期實施了皇民化運動，這個政策也影響了殯葬行業。皇民化時期，日本政府下令在宗教、社會風俗上加以改革，並且整理寺廟、提倡日式婚喪禮俗，希望台灣人將自己原有的風俗民情當作「習俗」，並且植入日本的文化習俗。

隨著皇民化運動的結束，台灣光復後，日式的殯葬禮俗也就跟著離開的日本政權逐漸散逸，但其中仍留存下來的部分，例如：「告別式」、「忌中」、「打桶」、「答紙」（回禮品）等，這些名詞至今仍在使用。

光復初期

一、主事者由鄉紳變成村里長

台灣光復初期，殯葬文化大多仍舊維持傳統的樣貌，改變不大。因為保留舊有的文化特質，以傳統的方式治喪，所以當碰上喪葬之事時，人們還是會去請教地方上的鄉紳。

不過由於光復後，愈來愈多人接受教育，民智漸開。慢慢的，鄉紳原有的優勢就消失了；取而代之成為殯葬指揮者的是村里長，他們具有開立死亡證明書的法定權力。在當時，將亡者入殮蓋棺確定死亡情事，並由村里長親自確認後才可以開立死亡證明書，和現在的死亡判定流程不同。

事實上，光復初期民選出來的村里長和過去的鄉紳亦有相同之處，那就是村里長通常也是當地較有名望之人。在日治時代和光復初期，許多殯葬禮俗都由一個指揮的主事者來發號施令，日治時代是由鄉紳來擔任，光復後則逐漸轉換成村里長。

二、光復初期的殯葬樣貌

光復當時和現今的殯葬禮俗有許多不同，不過也有部分習俗流傳下來，例如「老人嫁妝」即為保留下來的部分。在過去，棺木大多是在生前就已準備好了，這就是舊稱為「老人嫁妝」禮俗的一部分。亦即平時自己存錢買好壽棺，會稱作「壽」棺正是因為在活著的時候就事先買好了；將之放在家裡的柴房或其他地方，擺的時候棺木不能落地，因為落地就會沾染上陰氣，所以棺木一定是以斜靠著牆壁、底部加墊的方式擺放。此外，基於不可在生前「蓋棺論定」的習俗，所以棺木和棺蓋也是分開擺放的。

其實至今台灣部分民眾還是保有這項傳統習俗信仰，一方面是為了祈求延壽，將棺木先行買來後，在棺底板上面貼紅紙、寫上自己的姓名生辰八字，象徵這個人已經亡故了，讓陰間的鬼差誤以為活著的他並非抓捕的對象；另一方面，這也是為了不讓後代負擔太重的殯葬費用，才特地準備的，與現代的「生前契約」之觀念有類似之處。

傳統上稱棺木為「大厝」，象徵人往生後所居住的「家」

由此可知，「老人嫁妝」並不是人在彌留階段才進行準備的，而是在生前健康的時候就開始了；除了棺木之外，壽服也是老人嫁妝的一部分。壽服是在人過了六十歲生日之後，每五年一次的大壽生日時，女兒及媳婦們要為父母公婆準備的一整套新衣服，或是一匹高級布料；之所以稱為「壽衣」，乃因這項禮物雖然是在生日的時候送的，不過實際上卻是要帶進棺木裡的。

陪葬品也是平常就要蒐集，女兒媳婦們在父母公婆小壽的時候也會送禮，這些賀壽之禮，其中一部分就是為了將來陪葬使用。至於為何稱之為「老人嫁妝」，其實是蘊含喪親者對亡者之不捨和尊重的人文意涵。也因此，直到現今，

傳統壽服是老人嫁妝的一部分

仍有不少人稱販售殯葬禮儀百貨用品（如：牌位、冥香、冥紙、棺內品、孝服等）的商店為「老人嫁妝店」。

替自己做好部分的身後事規劃（指準備老人嫁妝），這種情況早在日治時代前就存在了，光復之後一直延續至今，台灣仍然有某些地區保留這些禮俗。

三、溫馨的鄰里互助

因為台灣在光復初期的生活型態，依然維持純樸保守的農村生活，即便在城市之中逐漸有葬儀社的設立，但是絕大部分的民眾在殯葬方面仍是親力親為。當事情發生時，街坊鄰居們會主動詢問幫忙，大家都會自動自發協助喪家處理，儘量讓喪家能先盡哀（釋放悲傷情緒，對亡者表示充分的哀

思與追懷之情），所以除了處理大體、接棺等等，必須由親屬親自參與執行的動作之外，其他繁瑣的細節幾乎都可以透過街坊鄰居的協助來完成。

當時的殯葬風俗其中一項是喪家不能開伙煮飯，因此鄰居們會幫忙做飯燒菜給喪家親屬以及前來協助辦喪的人，這些用以款待親友的菜飯又稱「粗桌」。

直到現在，還是有些地方存留有辦完喪事後，當天請鄉里親友吃粗桌的習俗，部分地方稱之為「回食」，它是將辦喪事的地方整理乾淨後原地辦桌，宴請這些來幫忙的人。本來辦喪時的用色是以黑白色系為主，但在辦「回食」時可以使用紅色，以顏色的象徵告訴家屬：喪禮結束了，家人的日常生活可以開紅見喜，並且提醒喪親者應該調整情緒回歸正常的生活。

由於傳統觀念極重視孝道，殯葬禮俗中同樣處處強調孝的重要性。舉例來說，以前的人平均壽命大約四、五十歲左右，能活到六十歲就算高壽；傳統上在人往生後會多加一歲，譬如臨終時如果年紀是七十歲，訃聞填上的是享壽七十一歲，這種做法隱含晚輩的孝心，希望長輩是高壽而終。

重孝的觀念也反映在當時社會大眾看重「著孝服」和「帶孝」的制度上。著孝服的緣由原先是子女為表現對父母養育之恩無法再回報的悲痛，而以粗質料的麻布批身象徵內心的淒苦，後續「麻布」演進為「孝服」。也由於社會重

傳統重孝的觀念中，生者披麻戴孝送亡者最後一程
（中華殯葬禮儀協會提供）

準備豐厚的供品於奠禮中祭祀亡者
（中華殯葬禮儀協會提供）

孝，不光是長輩、父母去世時要著孝服、帶孝，就連夫妻、兄弟姊妹亡故時也都要著孝服和帶孝，於是著孝服和帶孝就成了家庭成員表現孝親友愛精神的行為。

此外，辦喪時通常前來參與喪事的親屬人數眾多，鄰里間擔心喪家在悲慟之餘沒有心情和體力製作數量繁多的孝服及孝誌，所以在製作孝服方面也會主動幫忙。

以上這些現象都是在當時社會脈絡下，所產生的既溫馨又貼心的殯葬文化特色。

四、光復初期的葬儀社

在日治末期與光復初期階段，台灣社會秩序面臨崩解的考驗，是時百廢待舉，一切亟待重建，人們在紛亂擾攘中，忙於自顧謀生，許多舉目無親的亡者，因而面臨客死異鄉、無人殯殮的不堪。在此景況之下，逐漸有統合喪事辦理的「葬儀社」組織成立，這些私人營業組織初期大多設立在較繁華的城市裡，這與都市化後街坊鄰居人際關係較疏離有關。

萬安生命創辦人吳伙丁先生承接其父，創立「萬字號」的殯葬組織，從事殯葬處理工作，在台灣光復後，當時擔任保正（里長）的吳伙丁先生看到許多不堪的殯殮情景後，毅然擔起了關懷生命、慎終追遠的社會責任，承襲其父在日治時代為鄉親義務殯殮的義行，也經常為無親無故的亡者出錢出力。

吳伙丁先生認為，生、老、病、死是人必經的過程，尤其殯葬更是一項能替生者和亡者服務、功德良心的事業，他急公好義、樂於布施、與人為善，為數千無名屍入土為安，率領親眾組成撫生慰歿的專業團隊，紮實了經驗、熟稔於禮俗、掌握住竅門、算準了分寸，日積月累地建立起珍貴的商譽與口碑，更被譽為「殯葬大善人」。

吳伙丁先生在戰亂時，每天都要在砲火中處理二、三百具的大體，支撐他的力量就是這個信念，到了光復初期又因為二二八事件，讓他成為被指定的殯葬處理人員，在當時只要是在台北市內因二二八事件而死的大體都是由他來負責處理，當時的行政長官公署署長陳儀先生的遺體也是由他來善後處理。

萬安生命創辦人吳伙丁先生，被譽為「殯葬大善人」
（中華殯葬禮儀協會提供）

民國四〇年代，他又接下了處理死刑犯槍決後的遺體處理任務，完成後收取一具約當時新台幣二元的手續費用，一直至民國七〇年代他才結束這項工作。處理過上萬具大體，有些完好、有些殘破不堪、有些無人認領，各式各樣的狀況，吳伙丁先生都甘之如飴地給予服務，因為他始終抱持著「憑良心、做功德」的心來從事殯葬工作。

台灣光復初期的葬儀社大多維持傳統的殯殮做法，但是後來由於經濟起飛、社會發展快速，殯葬禮儀文化受到宗教、政治、經濟、公共政策與都市化等因素的滲入，台灣的殯葬禮儀與產業生態於是產生極大的變化。

民國五〇至七〇年代經濟起飛和都市化對殯葬文化的影響

- 葬儀社取代鄰里互助
- 社會快速變遷，殯葬亂象四起
- 因應都市化的殯葬禮儀

光復後，台灣的殯葬文化維持同樣的面貌有好一陣子，採取鄰里互助的方式，這當中帶點由日治時代所殘留下來的色彩。這種殯葬生態從民國五〇年代開始慢慢有了轉變，政府一連串新的公共政策推動，影響了台灣整體的社會結構與文化，也間接改變了殯葬產業的政策與經營模式。

首先是九年國民教育的推行，國民知識水準普遍拉高。過去許多人想要念書卻苦無機會，但實施九年國教之後，讓想念書的人有了機會能多充實知識，成績優異者再向上進修，使得台灣整體的知識水平提升，從事傳統產業的人相對減少。以及國內各項重大公共建設的推動，增加許多就業機會，從事工程建設之勞動人力的需求激增，同時也欠缺商業的管理人才，高中職以上的教育學程開始重視這個部分，加開學校與科系以培養人才。更多的人到城市就學，原本台灣傳統的農業社會人口漸漸流失，農村的年輕人紛紛前往城市，成為勞工階層和商業人士，這一代的人辛勤努力、工作認真，為台灣的經濟打下穩定的根基。

由於城市人口開始聚集的緣故，有人的地方就會有生意可做，所以也出現了以城市為主的商業發展，商業的成長又帶來了更多的人口進入城市，台灣社會由農業社會逐步轉型成為工商業社會，人們為了工作、求學等因素，前仆後繼地湧入城市，形成民國五〇年代至七〇年代人口急速集中於都市的現象。

都市的人來自四面八方，不同的族群、不同的年齡層，這麼多人要在城市裡生活，若是像農村時代，家家戶戶都是獨門獨戶、擁有前庭後院，那麼土地肯定無法負荷，亦不符合土地利用的價值考量。於是城市的住宅型態也不同於農村，都市裡的房子愈蓋愈高，一棟棟大廈公寓，人們分層比鄰而居，雖然打開門就看得到對面鄰居的大門，卻是誰也不認識誰，人際關係變得疏離與冷漠，彼此之間遠不如農業時代的敦親睦鄰，台灣的殯葬文化也開始順應著社會的變化而產生不同的景況。

葬儀社取代鄰里互助

工商社會的來臨帶來了都市化效應，都市化刺激了經濟的成長，伴隨經濟成長而來的是生活品質的提升，生活品質的提升又吸引更多的人嚮往都市，於是鄉村裡更多的人來到都市討生活，如此一環扣著一環地發展，台灣呈現了都市和鄉村兩種差異甚大的生活方式。

鄉村裡的年輕人或是有財力的人漸漸往都市移動，尋求更優良的生活品質，而這些原本即有財力的人知識水準通常較高，留在農村的人知識水平相對偏低，慢慢地形成都市化所帶來的城鄉差距。在此影響之下，台灣社會的人口結構改變，殯葬產業也隨之有了變動。

一、鄉村殯葬文化的沒落

台灣傳統殯葬文化本來是依據農業社會的生活方式，所建立出來的一套儀式流程，在工商業的發達和都市化的影響之下，迫使殯葬業也必須跟著有所改變。例如殯葬儀式中，本來主持殯葬事宜的人應該是同宗族中的長輩、同鄉中有名望的人士或是鄰里長，這些人擔任主事者已久，有著豐富的經驗，然而這些相關的經驗往往沒有文字作系統記載，久而久之成為一種沒有文獻基礎的口傳文化。

又因為社會大眾對於殯葬產業的觀感一向評價不高，當社會傾盡全力發展工商業時，年輕人多數受都市的工商業生活型態吸引，也移居都市，相對地想學習、傳承殯葬經驗的人就變少。另外，本來主持殯葬的主事者同樣大多隨著工商發展的腳步移居都市，許多村里中製作殯葬禮器的人們也因之離開鄉村。

結果愈來愈少人留在鄉村生活，漸漸地鄉村間的殯葬文化傳承出現了斷層，殯葬文化的傳遞僅憑記憶、口說，也因此慢慢失其原味。鄉村的殯葬文化在上述原因的影響下，從殯葬禮儀的內在意義上開始出現了問題，村里因為人口逐漸外移搬離之後，許多過去鄰里間懂得製作禮器的人也跟著少了，或是主事者離開後村里民們不知道到何處找人幫忙，使得鄰里互助的傳統逐步消失，取而代之的是統籌辦理殯葬事宜的商業興起。

比方家中長輩過世，後輩眾人皆需要穿戴孝服，於是統籌販售殯葬用品的商機就出現了。某些懂得製作孝服的人，平常即大量產製孝服，只要喪家出錢，就供應現成的孝服。這種販售殯葬用品、百貨的模式成了葬儀社的前身。

二、都市生活影響殯葬文化

由於工商業社會生活步調節奏快速，在工作方面往往強調以效率為優先，多數的企業都希望能以最少的代價換取最大的成果，在如此的工作氛圍中，人們常與時間賽跑、與人競爭，導致工作壓力大、生活緊張，精神緊繃疲累的狀況之下，很容易忽略人際之間的相處。

這種生活形式使得居於都市的人們，彼此之間難以熱絡熟悉，往往就連住在隔壁的鄰居也可能完全不相識，當有人去世的時候，過去農村社會鄰里間，憑藉平時累積的情感而互相幫助的美德，在此時幾乎無法發揮作用。

於是在都市中，葬儀社就應運而生。和鄉村不同的是，鄉村雖然發生了殯葬主事者外移的情況，但是在流程方面大多還是能由家族長輩來指揮教導辦理喪禮；相較之下，都市化初期的移入人口大多是離鄉背井的年輕族群，沒有家中的長輩得以照應，鄰居也多不願主動干涉喪事，所以殯葬業者除了提供殯葬物品之外，還提供人員教導家屬整個殯葬過程該如何處理。

這種新興的服務正是因為都市的人大多沒有同鄉同宗住

在一起，過去以宗族長輩為殯葬主事者的方式無法運用，葬儀社順勢發展出多元服務的業務——不僅提供殯葬用品，還提供了喪葬禮儀的指導服務。

而不論是鄉村還是都市的葬儀社，它們的共通點就是「非公部門組織」，且於五〇年代尚為初期的機構式組織，在理念方面或經營管理上，皆欠缺現代化的元素。

社會快速變遷，殯葬亂象四起

因為鄉村裡懂得殯葬禮儀的人多為有財力、有名望的人，這些人多數受到工商業社會的影響，紛紛移居都市，於是鄉村中的殯葬文化傳承出現缺口，而都市人口的多樣性與疏離感，也使得搬遷到都市中懂得殯葬禮儀的人士逐漸喪失指導、傳承殯葬禮儀的舞台；這個文化失落的缺口，同時也帶來了殯葬生態與文化上轉變的契機，成為影響往後數十年台灣殯葬禮儀的淵源之一。

整個殯葬結構與文化的改變、治喪流程的變異，事實上受到很多因素的影響，包括人口的遷移、親疏關係的遠離，還有因為商業的興起所引發的社會次級組織結構，改變了人們的生活方式和社會型態，殯葬產業也在這股轉變之中試圖展現新氣象。

不過當變動劇烈時，若對未來沒有審慎地思量、擁有堅定的方向，便冒然改變行事，常常會掉入弊病中而不自知。

殯葬產業在這般變動的環境中，也不免出現一些負面的現象。

一、殯葬價格不公開，業者漫天開價

由於過去人們觀念保守，認為死亡是禁忌，殯葬相關的人事物人人避諱，鮮少有人會主動瞭解，當身邊親友過世得親自處理時，往往沉浸在哀痛悲傷的情緒之中，也沒有心力一一理清殯葬儀式習俗，以及殯葬物品的用法和背後的意義。

喪家不夠瞭解殯葬產業的相關事物，在殯葬的過程中，業者也沒有自覺該將這些殯葬儀式和用品的用處為何、意義何在的來由向喪家解釋清楚的義務，通常對於攸關自身利益的殯葬價格也不會向喪家特別解釋。

辦完一場繁瑣複雜的喪禮下來，到底哪些是殯葬費用而哪些不是，主喪者可能全然不知，若又加上殯葬業者的服務態度不佳，那麼認為殯葬業者是存心不良的觀感就更容易成形，連帶的對殯葬產業的整體印象也會更差。

例如在傳統殯葬禮俗中，會辦桌請前來協助或弔喪的親友、來賓「吃食」。過去因為存在著返家往生才是善終的觀念，多數民眾都在自家屋外搭棚辦喪，喪禮期間將桌子鋪蓋白布，由喪家提供食物，給前來幫忙的人和親友食用，而在出殯與喪禮之後，則桌子改成蓋上紅布。

當時，在台灣通常是奠禮完成的當天，喪家才會辦吃食桌宴請前來幫忙或是弔唁的賓客吃飯，以示感謝之意，但像是離島地區的金門、澎湖或者是更早期的台灣各地，辦吃食並不僅是在喪禮結束之後，而是從親人往生，大家前來幫忙治喪的那一天起就得準備了，而且一天三餐皆是由喪家負責出錢，若沒有辦吃食桌，就會被認定為「失禮」。

殯葬業者應該告知消費者殯葬的費用是如何計算的。像過去的辦喪，和殯葬儀式有關的費用也許不是這麼多，有一部分的花費是在供應「吃食」方面，或者是從遠地而來的親友們，得提供他們住宿的地方，這對喪家來說，可能也是一筆不小的花費。若殯葬業者沒有向喪家特別說明，喪家很可能會將此與其他殯葬費用混在一起，而有辦完一場喪禮得花費許多金錢的感覺。

又例如奠禮時，喪家通常會準備毛巾或手帕，做為給前來弔祭來賓的回禮品，其原意是為了感謝眾親友在治喪期間的出力協助，以及弔祭來賓不遠千里而來，贈予手帕做為擦汗之用，以此向他們表示喪家的感念之意。但習俗流傳已久，多數人知道該有回禮贈予來賓，卻不明其中深意，殯葬業者也未多加解釋，大多是僅向喪家說明：「這是禮數，不能免的。」讓喪家在不明就裡的情況下支出一筆花費。

長久之下，殯葬產業被少數的不肖業者破壞了形象，導致許多人對於從事殯葬行業的人投以負面眼光，殯葬業者的社會地位也因此難以向上提升。

吳伙丁先生很早就發現了這個偏差的現象，從民國七十六年開始就和台北市葬儀商業同業公會，研討殯葬用品價格的合理化與透明化問題。吳伙丁先生主張殯葬禮儀用品的價格應該要公開透明化，雖然過程中仍有部分業者著眼在既有的經營運作模式而表示不同意，幾經折衷之後，最後做出一個協調共識，就是公布各類葬法合理的價格範圍，吳伙丁先生的做法正是站在消費者角度著想的表現。

二、黑道跨足殯葬產業

不管是叱吒風雲的人物，還是販夫走卒的平民百姓，每一個人都必須面臨死亡，所以殯葬業者的服務對象並不會有排他性，所有的人，總有一天都會是被服務者。

台灣地區的殯葬產業本來並沒有黑道的色彩，黑道加入殯葬產業起因是來自於民國六〇、七〇年代，政府幾次大掃黑的行動，黑道大哥們被關進綠島，組織裡的其他人頓失依靠，沒有了帶頭的勢力，稍有制度的黑幫組織認為要以不同以往的方式賺錢，再加上其他被迫鳥獸散的黑幫分子一樣也得另謀生路，於是黑道看中了幾個不同的領域——包括茶間、酒店、地下賭場等聲色場所，其中一個就是殯葬產業。

殯葬業在這時期因為宗教的緣故，衍生出許多宗教性的儀式，家屬因為其他人也做了同樣的儀式，於是容易跟從，在這些不知所以然、各自解讀的宗教禮俗之下，殯葬業顯得更加神秘、不為人知。看到此契機，部分黑道分子認為有機可乘，於是加入了這個行業，利用自己本身的不良背景，使許多人心生畏懼、甘於聽從、任由安排擺佈，從中獲取龐大的利益。

不過身在殯葬行業的黑道分子，也不全然皆是想要謀取暴利的人，有的人是改邪歸正，正派經營，大部分的人是從勞動工作開始做起，例如當棺夫或是場地布置搬運人員等等，絕大多數是為了維持生計或是養家餬口，不像大家想像中的那般可怕、蠻橫霸道。

三、紅包文化

殯葬產業的紅包文化在台灣行之已久，其意涵與在年節喜慶時，包紅包以示「禮尚往來」的人際關係維繫不同；其原始正面意義，乃在於「消災袪邪」、「祈求平安吉祥」、「祈求諒解」或「感念答謝」（例如母喪封釘時給予執禮的母舅所謂的「母舅紅包」），然而殯葬經營環境中，包紅包給予執行的殯葬禮儀人員，此種行為漸漸變調，紅包成為殯葬禮儀人員額外酬勞的代名詞。

例如在特定的宗教法事中，相關的規矩是由喪親者在某些特定儀式之後，包紅包給相關作業流程的處理人員（例如入殮紅包是給執行亡者大體淨身、穿壽服與化妝作業的殮工）或儀式的帶領者（例如做七或做功德，紅包是給法師的「供養金」），理由是如果家屬包得多一點，可以讓作業更為仔細、不隨便，或讓亡者在陰間能更順利過關。

家屬聽了這樣的說法，多半會選擇遵從，這種以掌控儀節品質或以宗教的神秘性來哄騙喪親者的說法可大可小，端看執行法事者或殯葬業者想要再賺取多少額外的收入，不僅沒有公開、固定的費用行情，也讓家屬內心加深對從事殯葬行業者的不滿。

殯葬紅包的給付對象不僅是在私人經營的殯葬業者身上發生，公家的殯儀館、火化場也屢見不鮮，甚至有報導提及，若喪家或殯葬業者不給紅包，就將亡者的大體隨便處理或刁難，不過時至今日，台灣殯葬產業的紅包文化陋習已幾乎根絕。

政府機關的殯葬設施單位，實施端正政風稽查、公開殯葬儀式的標準收費等多項廉政措施，獲致相當成效；以萬安生命來說，即規定所有服務人員與相關配合廠商（包含做法事的宗教人員在內）都不得私下收受喪家給的紅包，就算是家屬覺得服務人員工作認真辛勞，以紅包表示犒賞答謝之意，也一樣不允許。

一致性的嚴格要求是希望能讓更多的民眾知道，不合「禮」的紅包文化本來就沒有存在的理由，禮儀人員雖然十分辛苦，但這些努力付出並不是為了得到額外的錢財，而是為了想給亡者最好的服務，讓生者得到最大的安慰。

四、殯葬新興儀式

經濟起飛後，殯葬產業跟隨社會改變的腳步而進行組織型態與文化的調整，過程中，產生了一些新的殯葬儀式，影響了這段時期殯葬文化的型態。例如，殯葬儀式中出現了五子哭墓、孝女白琴、叫陣頭、電子花車、牽亡歌陣等等的新式禮儀。

上述提到殯葬儀式，起初都有其儀式意義，但是由於某些人講究派頭、拚排場的心態，不管這些殯葬儀式的本意，將其當作炫富的工具，加以誇大扭曲成為光怪陸離的儀式，造成了其他人的誤解，部分殯葬業者也順應這樣的態勢，任其發展。

現今仍有一些鄉鎮地區存在著這些禮俗，只是儀式內容跟隨著時下的流行生態又起了不同的變化，比方說電子花車改跳現在流行的舞蹈、用的是現在當紅的流行歌曲，往往忽略喪禮的教化目的，殯葬業者應儘量避免這種行為。

殯葬禮儀有其教化的目的，除了悲傷撫慰與教孝的精神之外，還有生命禮儀、生活禮俗的傳承，喪親者也許在面對死亡時，還無法真正轉換情境，沒有意識到或拒絕承認親人是真的離他們而去，儘管心情沉重卻失去了真實感，或是因為太過壓抑，反而無法好好排解自己痛苦、剝離的情緒，前述部分的儀式，如孝女白琴，其正向的作用是在於引導家屬進入情境，讓喪親者可以一起跟著帶領者哭泣，把情感發洩出來，達到悲傷撫慰的作用。

因應都市化的殯葬禮儀

一、化繁為簡

都市化現象反映在工商業社會步調快速、追求效率價值的風格與態度，對於殯葬文化而言，也促成殯葬禮俗「化繁為簡」的趨勢。這種轉變是為了配合都市化社會講求速度的步調，個人在特定行為上可支配的時間不斷地縮短，在符合現今都市社會的生活模式之下所形成的。

舉例來說，過去的守喪期長達四十九天，但現代人的工作型態根本無法配合，在短短的時間內就要收拾好自己的心情回到工作崗位，現實的要求，實與人性有很大的衝突；失去所愛的傷痛是需要一定的時間來平復心情，可是在講求效率的都市化生活之下，人們不得不減少守喪時間，捨棄一些費時過長的儀式，或將原本冗長的儀式加以縮短。

另外，在寸土寸金、人口密集的都市裡生活，過往在家外搭棚辦喪的方式也逐漸行不通了，喪禮舉行的地方變成在機構化的組織裡——殯儀館。過去整場喪禮都在自家三合院或是鄉里間的空地、曬穀場等地點，直接停棺辦理喪事，從豎靈開始一直到奠禮、喪禮後的辦桌請食，都在戶外搭棚，所有流程都在喪家自宅附近的同一處地點完成。

但都市化使得城市人口密度快速攀升，有限的土地為了容納愈來愈多的人口，都市住宅型態只好變成向上尋求空間發展的公寓大樓，人人倚門挨戶地住在一起，但卻毫不熟識。當某戶家中有人過世，屋外已經沒有足夠的空間搭棚辦喪，只得另尋場所。雖然有少數人所居住的房子是獨門獨戶，家中遇喪事可以在自家門口的馬路旁直接搭棚，然而這種行為不但影響了交通，同時也造成噪音等環境問題。

例如自從宗教融入殯葬禮儀後，當人往生要為亡者進行助念儀式、做七或做功德等誦經法事，為彰顯虔誠之心意與子孫的孝心，這些儀式或法事的活動時間通常不會太短（雖然在這個時期以前少有助念這類儀式，而是舉行拜腳尾飯、誦腳尾經等儀式，但也同樣可能產生擾人的情況），甚至於殯葬業者應喪家要求而延長儀式，住在附近的居民基於對喪

現今都市區域辦喪地點大多選擇在殯儀館舉行

禮的忌諱，不得不對這些噪音聲響忍氣吞聲，政府機關因此逐步宣導或明令禁止民眾搭棚辦喪。

如此一來辦喪的場所就從自家的三合院、自家住宅旁的馬路或空地，演變成在公立殯儀館、醫院的往生室（太平間），或者是私人提供臨近殯儀館的場所，這些辦喪場所的設立，正是為了滿足都市民眾的實務性需求。不過由於大多數的人都不願意自己住家旁邊有和死亡相關聯的設施或是場所，所以這些設施場所的設立地點都需要符合鄰避規範。

都市化對整個殯葬禮儀的影響不只是辦喪時間和處所有所改變，在殯葬的籌辦主事者角色上也有了變化。如先前所述，由於都市的人漸漸不懂得殯葬禮儀的概念，不知道如何籌辦，所以葬儀社順應而生。而葬儀社也從原本只提供殯葬百貨物料的角色，逐漸轉變成統籌提供所有殯葬用品與相關服務的生命禮儀公司，成為物資、人力的調派中心。這個變化雖然是從六〇年代就開始萌芽，但都市化的加速使得這種改變更加明顯。

例如原本過去在臨終前的準備動作幾乎消失了，以前原本是在人過世前就由女兒或婦媳準備壽服和下葬時的貼身用品，自己準備老人嫁妝（如棺木。之所以稱為「嫁妝」，是由於過去認為喪禮是一種「白」喜事），不過在都市中因為住宅空間狹小，沒有多餘的空間可以堆放老人嫁妝，於是為往生進行事前準備的禮俗就漸漸消失了。

又例如在臨終階段，過去不能任親人死於平常睡覺的

都市化影響之下，多數人選擇到公立殯儀館處理殯葬事宜

床鋪上，必須在彌留階段即移置大廳，躺在俗稱的「水床」（或稱「水鋪」）之上，再由親人清洗身體、換好壽服後，隨侍在側，等彌留者嚥下最後一口氣；但在有了機構式的醫療處所之後，醫院從六、七〇年代起就逐漸成為大多數人最後斷氣的地方，這種往生處所的轉變使得臨終的儀式也跟著改變了。

傳統信仰中，台灣人普遍相信人過世後會到另一個未知的國度，可能是西方極樂世界，也有可能是天堂、冥府、陰間或其他名稱，不管對那個世界的稱謂為何，民眾在集體的民俗意識中，是相信亡者在另一個世界也需要食、衣、住、行的。

所以有些喪親者為了想讓在另一個世界的親人能過得更好，以及彰顯自己的孝心與感恩，於是大量燒庫錢、紙紮與紙製禮品。但自七〇年代末期起，政府與學界人士認為焚燒庫錢的行為對環境有害，於是開始宣導減量燒化或完全不燒化的理念，這也影響了部分民眾對於燒化物品儀節的重視程度，這是政策與環境因素影響殯葬禮儀轉變的實例。

以前舉行奠禮時，家屬致意都必須論輩分與長幼之序，輪流就位行禮，而且每一位至親家屬都必須行三跪九叩的大禮。但是當喪禮在機構化的場所舉行時，因受限於場地必須分配給不同喪家排定時間使用，難再有這麼充分的時間讓民眾完全奉禮遵行。

例如殯儀館可能只能給兩個小時的時間辦喪，以前同輩分的親屬能夠一一接續向亡者行禮致意，而今為了在有限的奠禮場地租借時間內，完成所有奠禮儀式，遂演變成同一輩分的親屬一起行禮致意即可。這種不同於以往的殯葬禮儀演變景況，是因為受到都市人口太多、治喪場地有限、殯葬設施使用時間縮短的影響。

二、多元發展

隨著都市化發展，殯葬儀式也跟著有所改變，換了治喪場所、換了喪禮指導者、殯葬流程重新排列組合，其中禮俗儀式有的化繁為簡，但也有部分儀式非但沒有特別簡化，反倒因為民眾愈來愈講求個性化、客製化的需求，而有日漸複雜的趨勢。

從對喪親者的悲傷撫慰角度來看，現今的殯葬禮儀應該要重現禮儀的意義，也宜重新審視過去被宗教或商業等因素所忽略，但具有正向意義的儀式。例如為去世的親人淨身，以前是由至親家屬親自為其擦拭身體，後來受宗教影響，轉而由宗教人士來進行，以所謂的「淨水」或「聖水」灑在亡者身上，這樣的做法讓喪親者失去了透過此儀式表達最後孝敬之意的機會，甚是可惜。

現在的「禮體淨身」服務，恢復了這項傳統，讓家屬能親手觸摸、參與大體淨身的過程，充分表達對亡者的思念和不捨之情，過程中比起過去由宗教人士進行的要繁複許多，透過這些步驟，禮體淨身成為一種具有實質悲傷撫慰力量的服務儀式。

經濟起飛後形成都市化，讓人看見殯葬產業的商機，於是葬儀社愈來愈多，而且儀式也愈來愈多元。在如此環境發展之下的殯葬業產值與利潤應該較過去為高，可是實際上卻沒有，原因在於統籌辦理喪事的人力增加，還有各家業者競爭下的價格制衡機制。

不過現代化的生命禮儀公司所看重的不只是眼前經濟產值的表現，更重要是如何讓企業永續發展，在現代化不斷推進向前的環境中，保有良好的制度和服務品質，一方面傳承歷史淵遠流長的殯葬文化，另一方面創造出順應時代又能表現積極意義的殯葬禮儀。

接下來的章節，將從殯葬產業的各個構面，進一步探討近二十年來台灣地區現代化殯葬服務進步的內容。

墓園與靈骨塔的變革

- 墓園變革
- 墓園、靈骨塔的選擇
- 葬法的改變

過去在農業社會階段，人們大多都仰賴土地為生，每個人都想擁有自己的一片土地用來養家活口，土地就像母親一樣，所以在觀念上認為人死後回到土地的懷抱也是理所當然的事。在傳統觀念「入土為安」的影響下，不論貧富皆會選擇土葬，不過兩者之間是有差別的，富者請風水師來看風水，特地買一片好山頭，將祖先葬在福地，使之能夠庇蔭後代子孫；貧者則是葬在自己的農地裡，或是鄉里間無人所有的土地。

除了墓地的位置之外，連墳墓的造型也因為財力厚薄而有差距。富人的墓地可能占地極大，墓地的造型樣式也精心設計，色彩上有紅有紫，象徵富貴；至於窮人的墓地若是在自家農地裡，自然無法占地太多，如果是在空地或是山坡邊旁，也常因沒有充裕的金錢進行建造或整修，這類墓地的顏色普遍是呈現黑灰色調。

由於都市化的影響，都市裡的殯葬活動和以往農業社會時期的殯葬活動呈現了完全不同的面貌，從以前人人都要入地為安的土葬變成了現今大眾的火化入塔，這個變化的過程是漸進的，原因也是多元且複雜的，並非一下子就變成了現在所呈現的面貌。

墓園變革

一、土地利用

許多人們在都市打拚生活，也許在過世後沒辦法回到故鄉安葬，或是已經在都市落葉生根，這些人們過世後便需要安葬在都市內。但是由於都市土地的利用相當精細，在積極發展工商業的情況之下，土地必須使用在有更高產值的用途上。土地若是被用作墓地，不但沒辦法發揮更有利的用途，也讓生者在原本就是寸土寸金的都市裡，所能使用的土地資源更顯侷限。

因為傳統觀念深植人心，直至民國七〇、八〇年代，台灣大多數的人還是傾向死後土葬，又因風水寶地居高臨下之說，都市裡的墓地大多都建在山坡地上。風水理論各家不同，於是安葬的方向也不相同，常常整片山頭看起來亂七八糟，墓地有大有小，顏色十分紛雜，讓人看了感受不佳。

政府在六〇年代開始整理已被墓地破壞的城市景觀。例如，在建立第二殯儀館的時候做了移墳的動作，聯絡墓主的後代、說服他們移墳，這是一件大工程，其中還有很多是無主孤墳，在找不到後人的情況下，政府只能幫這些無名墓做撿骨的動作。

整頓各地區的墓地是維持地觀景貌的要務之一，也是改善都市土地利用的首要行動，因此除了政府，民間也有遷地

墓地款式不同，顏色紛雜的樣貌

整墓的行動。

二、墓地公園化

因為台灣本身就是一個地狹人稠的海島，都市化的地方更是人口稠密，土地資源如何妥善分配一向是大眾關注的重要課題，過去在沒有規範的情形下，很多人隨意安葬，造成許多問題，例如沒有鄰避措施、距離水源地太近、墓地占地太廣等等，不論政府或民間業界都察覺到這個問題，思索該如何改善，於是參考國外的葬法而有了「墓地公園化」的變革。

「墓地公園化」的概念是仿效歐美國家的做法，將墳地改造成像公園一樣綠意盎然的場域，讓民眾對墓地的恐懼降低，不再覺得墓仔埔是個可怕又令人忌諱的地方。而且經過設計的墓園景觀，看起來整齊美觀，也多了莊嚴的氣氛，讓民眾願意到墓園來看看過世的親友，美化過後充滿綠意如公園的墓園，溫馨的氣氛，能夠給來祭祀的人們一種溫暖、平和的感受，在靜謐安祥的環境中懷念逝去的親友，抒發自己的情緒，達到悲傷撫慰的效果。

墓地公園化是政府一直留心的土地改革，不過由於墓地要重新規劃，得先確認土地所有權的問題，加上必須確認墳塚是否有後代子孫可以聯絡協調遷墓的事宜，若其中有些墳墓因為年代久遠找不到後代，成了無主墳塚，那麼就必須經過程序處理才能遷出。

這些繁複費時的作業事項，由於政府機關的行政流程是必須通過層層關卡，謹慎審核後才得以投入龐大的資金，因此政府部門無法如私人企業動員得如此快速。而私人企業彈性較大，不需如政府施政需要行文申請經費、審核議案，各機關單位費時費力來回核定後才能同意並且施行；公司行號因為是私人經營，經費和人員調派都自由許多，在實現墓地公園化的理念上，動作自然能較為快速。

私人營運的殯葬企業看見了未來墓地改變的趨勢，運用資金買下可以改善的亂葬崗，同樣與墳主的後代協商移墓事宜，針對環境和周邊土地利用做出整體的規劃，台灣首座改革完成的私人墓園，不只環境優美，也將藝術和宗教融入墓園設計當中，這項創舉更讓世界最大的殯葬集團SCI 誇讚台灣的墓園是世界上最美麗的墓園，藉此也肯定了企業在墓地公園化理念上的努力。

經過規劃設計的墓園顯得既整齊又美觀，園區內除了有其他殯葬設備，像是焚燒紙錢的地方、念經誦禱的地方之外，還附有許多其他的設施，例如：當全家大小一起來探望亡者，年紀小的孩子可能因為不清楚儀式，或是祭祀過程太長而耐不住性子開始哭鬧時，私人墓園貼心地規劃了遊戲區供小孩子玩耍，解決了父母的困擾。

另外，墓園因為鄰避作用的緣故，通常設立在離都市較遠的地方，或是有些喪親者居住在其他縣市，來往墓園的交通時間花費可能很長，有的早上出發但到達墓園卻已是近午時分，造成舟車勞頓的疲累，因此某些私人墓園裡備有餐廳與休息區，提供飲食，方便這些往來不易的家屬。

縣市政府公立墓園的公園化設計也相當成功，和私人墓園一樣請來了藝術家一同設計公墓，讓墓園充滿人文藝術氣息，給人乾淨寧靜的感受，打造出富有文化涵養的墓園；且為了因應全球對環保的注重，殯葬法規中也規定：公墓（指供公眾營葬屍體、埋藏骨灰或供樹葬之設施）內應劃定公共綠化空地，綠化空地面積占公墓總面積比例，不得小於十分之三。公墓內墳墓造型採平面草皮式者，其比例不得小於十分之二。於山坡地設置之公墓，應有前項規定面積二倍以上

之綠化空地。

墓地公園化的概念雖是取經於歐美各國，但在引進台灣後，因地制宜加入了本土的風俗民情，而呈現出不同於歐美國家的風格，一些細節上有了改變，例如台灣的墓園中多半設立人行步道，這是由於台灣「死者為大」的觀念，使民眾覺得如果沒有明確標示出步道，有踩在他人墳上的疑慮，為免除大家的困擾，墓園多半會在各排墓碑中劃出一定寬度的步道供人行走。

台灣未來的願景是希望規劃建設出美麗而且設施眾多的公園化墓園，讓民眾不僅能到墓園探望懷念亡者，墓園還能夠成為平時人們郊遊賞景的好去處。而政府和企業的共同努

公園化的墓園環境

經過精心設計的私人墓園，環境相當優美

力確實成功地讓墓地管理有了新的氣象，但是光只有這一步還是沒辦法解決台灣可利用土地日漸稀少的問題，所以政府開始推動火化的政策。

三、火化入塔

入土為安的傳統觀念碰上了現實中土地利用的阻礙，讓現代人開始思索要如何處理自己的身後事，才能為後代留地，於是從民國七〇年代開始政府就宣導火化的觀念，也建設相應的殯葬設施，如台北市的富德公墓靈骨塔。雖然如此，傳統的風俗民情不可能一朝一夕就改變，需要時間慢慢地變化移改。

政府一方面投入經費改善殯葬設施，一方面也對於已葬滿的公墓重新整理，同時推行墓地公園化以及宣導火化觀念。另外，台灣經濟起飛後，土地的對價關係快速提高，對一般平民百姓來說，買一塊風水寶地幾乎不可能如願。

政府的推動和社會經濟雙方面的影響，使台灣在現今選擇傳統土葬的人成為少數，而有九成以上的民眾選擇火化，火化後的體積變小，大大地減少了土地分配的問題。

那麼接下來的問題就是，火化完的骨灰該往哪裡放？

台灣因為融合佛道兩大宗教形成了獨特的民間信仰，傳統觀念中人必須死留全屍、入土為安，後代為其造墓，亦有專門的節日去祭拜掃墓，家屬希望有一處能夠憑弔懷想先人的地方；時移至今，可利用的土地面積愈來愈稀少、土地價格高漲，以往的土葬也已經不再是人人都能選擇的方式了，但是喪親者仍想有個地方寄託思念之情，還有什麼辦法能將火化後留下的亡者骨灰，安置在一個固定的處所供後人祭拜呢？

台灣就是為了因應上述特殊的宗教傳統觀念和現實土地利用上的考量，而發展出一套屬於自己特有的安葬方式，那就是——「入塔」。從推行大體火化以來，不管政府還是產業界都開始建設靈骨塔。

由政府所建造的公塔，最大的優點就是合法有保障，而且價格也相對便宜，缺點則在於管理制度上沒有私人靈骨塔來得完善，公塔因為政府一方面並無規劃早晚誦經，另一方面則是沒有多餘的預算請法師來做課誦，於是在宗教儀式的安排上，相較於部分私塔能夠二十四小時經營，配合家屬需求供請法師早晚誦經，公塔顯得沒有那麼完備。

私塔因為資金充裕，設備完善，有些業者還會請專業的保全來做管理人，並且全年無休的營運，無論何時都能讓顧客去看看自己往生的親友，而且周邊環境也多半建置得十分美輪美奐，這些都是私人靈骨塔的優點。

位於高雄岡山區的大吉座舍利骨塔

墓園、靈骨塔的選擇

在政府鼓勵火化的影響之下，靈骨塔有如雨後春筍般地出現了，公立、私設的靈骨塔加加總總有這麼多的靈骨塔，再加上眾多墓園，民眾該如何選擇一個優良且適宜的身後居所呢？

一、合法才有保障

首先，一定要選擇合法的靈骨塔和墓園，合法的墓園與靈骨塔才能保障消費者的權益，若是將來要換塔或是遷墓，才不會因為不合法的業者而蒙受損害。民國九十一年頒布的殯葬管理條列中有規定，設置骨灰、骨骸存放設施要依照法令申請程序、土地使用是否為墳墓用地，還有其他地點的要求，例如需要離公共水源地一千公尺以上，距離人口密集的地方如幼稚園、學校、醫院等，必須距離五百公尺以上，還必須具備合法的營業執照，每年都必須通過環境評估、消防查核、經營公司的合法性、財務狀況透明化的檢核等等，上述這些政府訂定的法規，給予民眾一定的法律保障。

可是民眾在購買墓地和塔位時仍需特別留意契約的內容，才能確保自己的權益，減少財務損失。由於早期剛推出靈骨塔的時候，某些銷售人員為了拉抬業績，所以推出了預售塔位的銷售方式，買預售塔位的人能夠以較便宜的價格購買，當市場機制讓物價上漲時，塔位的價錢也跟著升高，那麼預售塔就能以較好的價錢轉手賣出，這是導致塔位價格紛亂的原因之一。

也出現過民眾預買好塔位、簽了契約，到了履約時才知需要加收費用，這些都必須在簽約前就先詢問清楚，例如關於塔位的產權分配、換塔的條件，也要留意販賣塔位的殯葬公司是否具備營業登記證、建築執照，該業者有沒有永續經營的理念與配套措施，靈骨塔是不是建在法令規定的墳墓用地上等等。除了最基本的合法性問題之外，其次必須考量價位的問題。

二、價格及細節上的考量

價格受以下幾個因素的影響而會產生不同的考量，選擇墓園塔位還須從個人需求、墓園塔位管理、環境等等細節的因素評估，這些因素都會影響價格。

(一)墓園、塔位位置的不同

現在的塔位依不同的樓層、離地面的高低，有不同的價位，樓層低者通常較貴，而離地面太近或離天花板太近，價位都相對便宜，以能直接平行目視的位置價格最高。墓園的部分則是分為直接土葬和火化後土葬兩個部分，因為占地大小的差異，價位也不同。

(二)墓園與靈骨塔的設計

靈骨塔內部有許多不同的形式，最主要是在設計概念上有所差異，例如原本的塔位屬於個人式的，後來有些人希望死後能和自己的另一半葬在一起，於是演變出伉儷式的塔位，之後又發展出家族式的塔位，這些都有價格上的不同。

另外在骨灰罐放置的設計上也有所強化，例如過去只是用層板隔出一格一格的位置，把骨灰罐放進去，但若遇上地震很可能會掉出來，業者改良後，加上門板保護骨罐，材質的使用也有所不同，這些設計都會影響價格。

墓園則是依照葬法不同而有不一樣的景觀設計，例如樹葬和穴葬便有所區隔，墓園也請了不同專長的設計師規劃呈現不同的藝術氛圍，這些都需要投入大量的資金，因此墓園的價位也會較高。

(三)墓園與靈骨塔周邊環境及管理

現在大部分私人的墓園、靈骨塔在管理上是採二十四小時制，運用高科技的監控系統，恆溫恆濕的空調設備；周邊環境也精心規劃，有的還設置餐廳和休閒室，給予前來祭拜的生者和已逝的亡者，能在美麗舒適的空間中得到高品質的服務和尊重。

墓園與靈骨塔因為鄰避規範的緣故，通常位於人口較不密集之處，如此一來對外的交通聯結就非常重要，內部提供停車位的空間也成為必須納入考慮的範圍。

三、寺廟內的塔位問題

除了公設和私立的塔位，台灣還有另一個地方也讓人存放骨灰罐，那就是宗教寺廟。

不過台灣有許多寺廟是在土地身分不明，亦即沒有土地產權的情況下興建完成的，在此狀況下無法申請用地並取得建築執照，於是寺廟中的塔位就成了違規建築。

早在民國八〇年代政府便提出要讓宗教違建就地合法化的想法，希望在不影響公共安全、水土保持和大眾權益的前提下，若能循法令途徑、備齊證件就將寺廟塔位合法化，但其中違規嚴重者還是必須強制拆除。

這項決策其中牽涉到許多原則性的問題，比方說寺廟常是位在都市人口稠密區，並沒有依照法規通過環境影響的評估，也因其不受法令規範，故在設施的公共安全和消費者權益方面就沒有辦法得到保障，若是能就地合法化，那麼對於其他通過重重檢驗的業者確實有所不公，違反了社會公平的原則，對於消費者也失去了可以依靠的憑證。

政府在民國一〇一年一月十一日頒布的「殯葬管理條例」對此問題做出修正，條例施行前募建之寺院、宮廟及宗教團體所屬之公墓、骨灰（骸）存放設施及火化設施得繼續使用，其有損壞者，得於原地修建，並不得增加高度及擴大面積，予其有條件合法化。民國九十一年七月十九日以後宗教團體新建殯葬設施，則應一體適用新制「殯葬管理條例」

規範，以符合法治精神與平等原則。

民眾在購買墓地和塔位時只要秉記著合法原則、針對個人需求做選擇，相信能挑選到合適且公道的「終身住所」。

葬法的改變

台灣目前大體火化後以入塔為主，依據內政部統計，台灣一年死亡人口約在十四萬人左右，目前仍有七百萬以上的塔位是空著的，塔位的建置已經明顯供過於求，但還是有很多業者持續建造靈骨塔，要如何才能突出於其他同業，可以得到顧客的青睞呢？於是業者開始客製化的服務內容，有一部分訴求的是金字塔頂端的客層。

從過去傳統的入土為安，到現在大家已經可以接受火化的觀念，而火化後不見得要入塔，骨灰有其他的方式保存，往昔入土為安的概念轉化為火化入穴，於是有的業者開始改建墓穴，直接將骨灰葬在穴中，過去可能一次只能放一個骨灰甕，但現在的規劃設計一次可以放八個或是更多，變成能夠容納家族諸多成員的空間。

近年來因為提倡環保，於是出現了樹葬、海葬等等不汙染環境和節省用地的安葬方式，政府也因而制定了相關的法令：實施樹葬之骨灰，應經骨灰再處理設備處理後，始得為之。以裝入容器為之者，其容器材質應易於腐化且不含毒性。專供樹葬之公墓或於公墓內劃定一定區域實施樹葬者，

近年來政府大力推動自然葬，引領殯葬產業朝向環保化發展

其樹葬面積得計入綠化空地面積。但在山坡地上實施樹葬面積得計入綠化空地面積者，以喬木為限。因應新的葬法出現，墓園裡也分成了樹葬區、灑葬區等不同的區域。

這些完全不留骨灰的環保自然葬，對後續的心靈撫慰也可能造成問題。一般人在思念過往親人的時候會需要有照片、紀念物或是有形體的憑藉物，以此感受往生親人依然存在，但是環保自然葬可能無法照護到這方面的需求。

這個問題的決定權還是要回歸到家屬身上，專業的禮儀人員在過程中必須詢問喪親者是否需要有親人的骨灰留存才能放心，如果確實有這樣的需求，那麼可以先安排入塔，之後再行樹葬或是其他的環保葬法。不論最後的安身之所是何

日本研發研磨骨灰的設備，讓家屬可在一旁觀看

種方式，都要兼顧到亡者的意願和家屬的想法，禮儀人員可以提出各種建議，但最後仍要尊重家屬的決定。

永遠的天籟，位於金寶山的鄧麗君的筠園，一如她的美麗，墓園環境也相當雅緻

人力素質的提升

- 外表上的改變
- 內在的改變
- 女性禮儀服務人員的增加
- 日本殯葬服務專業化的影響

長久以來死亡都被視為禁忌，一般人大多是能避則避，對於殯葬業也沒有想要瞭解的念頭，唯有在自己的親屬過世時才有機會接觸，所以一生中和殯葬業接觸的機會是少之又少，不像和一般服務業接觸的次數頻繁。

若是向人問起對於從事殯葬業的人有什麼印象，可能聽到的答案會是「看起來很像黑道」、「每個人菸不離手，嚼食檳榔的血盆大口」或是「說話粗俗、口帶髒字」。再問曾經歷的殯葬經驗中，對於殯葬人員的服務有何感受，可能大多數的回答會是「動作粗魯又隨便」、「問他們為什麼要做這些儀式，卻一問三不知」或者「一臉的不耐煩、態度跟說話口氣都很差」。

上述的答案顯露一般大眾對於殯葬業以及從業人員的印象，有許多負面的反應，直至今日，仍有不少人對於殯葬從業人員的印象，停留在過往葬儀社那種傳統、陳腐、漫無規矩的行事模式，或是新聞中黑暗又負面的報導；過去的確有部分的殯葬業者，其外型和說話方式令人恐懼，對待亡者和家屬態度隨便，以及不明禮儀卻強迫家屬同意儀式並且收費不貲，使得一般民眾對殯葬產業觀感不佳。

在這種情況下，對於殯葬業近年來全方面的快速變化，社會大眾因甚少接觸和避諱的緣故，難以改變既有的印象。但是近二十年來，隨著社會快速變遷，殯葬業者也感受到了產業必須改善進步的壓力和動力，抓準契機和方向，殯葬產業開始邁開改變的腳步；特別是最近的十年，由於產、官、

學三方的合作互助，各方面都大刀闊斧地改革，過去的殯葬業已經轉型成為一種新興的服務業。

在這個轉變的過程中，影響殯葬業者能否永續經營、不被市場淘汰的重要關鍵之一是「人力素質的提升」。近二十年來殯葬產業的人才素質，亦隨著社會環境整體的提升，而從裡到外有了重大的轉變。

改變是為了要變得更好，對於殯葬業者來說，殯葬服務是一份安身立命的工作，也是日常生活的一部分，那麼有誰會不希望自己的生活過得愈來愈好呢？當別人指出自己工作方面的缺點、甚至輕視自己的行業時，有哪個人還能夠無動於衷、不思改變呢？於是殯葬業者開始思考，如何能讓自己的工作成為一個讓人看得起甚至是使人欽羨的行業。

要改變旁人對殯葬產業的刻板印象，首先要反求諸己，從殯葬產業自身開始提升。那麼從何處起頭呢？外在形象是最容易達成的第一首選。

外表上的改變

許多企業在徵才面試的時候，除了觀察應徵者的應對表達能力以及專業知識之外，同樣重視應徵者在服裝儀容上的打扮。和專業知識相比，外在服裝的選擇及儀容的打扮是較容易做到的事情；當應徵者打扮得整齊乾淨、有朝氣，面試的主考官就能從中感受到應試者所展現的誠意，在第一印象上就先加分，得到他人的好感之後，接下來的對談自然能在一個愉快的氣氛下進行；反之，若是應徵者穿著隨便、儀容不整，很可能會使人產生對此面試不重視、無關緊要的質疑。

由此可見，服裝儀容會影響他人對自身的觀感。而殯葬業以往給民眾之所以會有不好的觀感，乃是因為過去的業者由於求工作上的便利，往往隨意穿著，如穿著家中的睡衣就上工了；又因為工作性質需要使用大量的勞力（如搬運大體或是殯葬用品），以至於汗流浹背，更讓衣著看來髒汙狼狽。

在不斷地快速變化的職場生態中，這些過去不被殯葬業者所看重的服儀細節，因為受到歐美國家以及日本的影響，在各行各業中變得愈來愈具有指標意義，尤其是在殯葬產業力求轉型的初期發展中，更顯其重要性。

一、穿西裝、打領帶

和陌生人碰面，第一眼會先被注意到的是一個人的服裝儀容。在一份擁有專業知識和技能的工作中，外表的整齊乾淨可以說是最容易改進的部分。當喪親者強忍悲傷來到殯葬公司尋求協助時，若是看到禮儀服務人員穿著隨便的一件汗衫、一條短褲搭配一雙拖鞋，家屬可能會在心裡產生疑問：連對自己的工作都不重視的人，會有可能盡心盡力辦好亡者的身後事，讓生者、亡者都得到圓滿嗎？

為了不讓顧客有這種疑慮，萬安生命在民國八十一年就開始實行，公司全體同仁，男性一律穿西裝打領帶，女性則穿襯衫西裙，為的就是要讓所有的人員看起來有紀律，展現出對工作的敬業精神。

第一線禮儀服務人員對此有著堅持：「不管再熱、流再多汗，我們都不會隨便地把西裝外套脫下來，也不會把襯衫袖子捲起來。這是我們的原則，也是我們向家屬表達敬意的方式之一，這更是一種『禮』的展現。」

由於早期台灣社會仍是習慣在自家門外的馬路旁豎靈、舉行相關法事，有的時候夏天明明已經是高達三十六、七度的氣溫，就連站著不動都會躁熱難耐，禮儀服務人員仍然必須在大太陽底下布置靈堂、搬運奠禮現場需要的器材，雖然

穿著整齊、形象專業的禮儀師

早已汗如雨下，萬安生命的禮儀服務人員在工作的現場，也還是保持一身西裝筆挺的模樣。這不僅是一種對自己工作的尊重態度，更能讓喪親者在情緒低落、難以思索後續事務的同時，可以在第一時間內對禮儀人員產生一定程度上的信賴感，不至於覺得懷疑和不安。

禮儀服務人員開始有了正視外型上是否專業的自覺，這就是提升殯葬產業整體形象的一個開端，過去禮儀服務人員常常不夠重視自己外表專業度的形象，也不認為自身的行為舉止會影響旁人對於殯葬產業的整體印象；於是以往的殯葬場合中，時常可以發現服儀不整的禮儀服務人員，甚至也經常看見禮儀服務人員一邊工作一邊還抽菸、嚼檳榔的情形。

抽菸、嚼檳榔這些動作本來就不雅觀，在氣氛低迷的喪家面前做出這些行為，不但容易讓喪家有不被尊重的感覺，也可能因為亂丟菸蒂與吐檳榔汁的行為，造成環境的髒亂。

二、不抽菸、不嚼檳榔

萬安生命在改變服裝儀容的同時，也發現了禮儀服務人員抽菸與嚼檳榔的問題，若是想要扭轉一般民眾對於殯葬產業的不良印象，抽菸、嚼檳榔還有隨時隨地脫口而出的髒話，都是必須立刻改正的缺點。

喪親者往往都是處於哀傷不已的情緒中，還要花心思處理如此繁瑣的殯葬事務，不論是心理還是生理方面大多是疲憊不堪，禮儀服務人員也因為幫助家屬處理許多事項細節，

會產生負面的情緒，這些都是無可厚非的情況；可是如何去自我消化轉換，就是一名專業禮儀服務人員應該學習的重點，而不是以抽菸、嚼檳榔或罵髒話來發洩情緒。

在協助喪親者處理亡者的身後事時，禮儀服務人員所要做的不光是指導儀式和用品上的提供，更要試著去關懷生者的心理情緒，從這個角度思考就能發現，為什麼上述的不良行為應該要被禁止。因為不會有人希望在自己傷心難過的時候，還要忍受不雅的話語和粗魯的舉止。

公司要求員工必須遵守不抽菸、不嚼檳榔、不說髒話的規定，可是法中有情，雖然規定是固定不變的，但專業的禮儀服務人員仍會因當下的情境，運用經驗和智慧做出合宜的判斷。

不過特別要強調，儘管是不合規矩的例外，都還是經過禮儀服務人員仔細認真的觀察之後，本著為家屬分憂解勞的心意而做出的決定。有良善的立基點，才能真正讓喪親者得到應有的服務品質。

除了改變已是從業人員的員工，萬安生命對於想要加入殯葬業的新血也有所要求。為了朝向專業的服務業發展，在外型上也有選才標準。

這不僅是為了能讓顧客有賞心悅目的感覺，更是因為禮儀服務人員平時工作需要大量的勞動，例如搬運大體、禮儀用品，還有隨時待命的工作時間，這些都需要足夠的體力，若是體重過重或過輕者，都有可能無法勝任。為了避免這樣的情形發生，萬安生命在召募員工時便有了選才的條件。

萬安生命在董事長吳珅篁接任後，不斷地改革，試圖從自身做起，為殯葬產業的新形象盡一份心力，除了上述的服裝儀表的提升，同步實行的還包括人才選用上的變化。萬安生命看出了殯葬產業已屆轉型之時，這是順應社會潮流變化的決定，因為殯葬產業將朝向企業化和服務品質精緻化的方向發展。

過去的殯葬業在世俗眼光中可不是這樣被定位的，過去一般人叫殯葬人員為「土公仔」，這是由於過去喪家處理喪事的主事者，大多是以家中或是鄉里間的長輩為主，而葬儀社只是提供禮儀用品和棺木等殯葬器具，還有提供人力服務，以勞力獲取工資。

但是都市化使得人口結構產生變化、消費意識改變等等，殯葬產業也跟著轉型，呈現不同於以往的樣貌。現今有愈來愈多的人，在處理所愛之人的身後事，是向生命禮儀公司尋求幫助及服務。那麼生命禮儀公司除了持續提供禮儀用品之外，還必須給予顧客專業的禮儀儀式指導、協助辦理喪禮以及提供諮詢服務，禮儀服務人員要勝任這類的職務，在素質上必須力求進步、有所要求。

如何在面對形形色色的顧客時，禮儀服務人員能夠順利地協助喪親者處理後事以及對其身心靈有所照護，讓每位家屬都能無憾地送親人最後一程，無非是對禮儀服務人員的一大考驗。

內在的改變

一家專業的生命禮儀公司就如同一家擁有優秀服務品質的餐廳，喪親者就好比是消費者，當顧客到達餐廳準備進門享用美味的餐點，服務人員立刻上前拉開大門、面帶微笑，說著歡迎光臨來迎接貴客，接著帶位至桌前、拉開椅背、提供杯水，拿上菜單供客人挑選，並且為顧客介紹餐點的種類、分量、價格以及餐具的使用方法，這些都是為了讓顧客知道這間餐廳有什麼餐點可供選擇；從這個角度來看，當生者為所愛之人的身後事而來，就像是進餐廳的客人想要品嚐一頓美味的料理、享受貼心的服務，來到生命禮儀公司的喪親者則是希望能讓所愛之人好好地走完人生的最後一段路，此時禮儀服務人員就如同餐廳的服務人員，要能讓顧客感受到被尊重然後願意留下。

那麼該怎麼做呢？

一家專業的生命禮儀公司的禮儀服務人員，當喪親者來到服務駐點時，禮儀服務人員雖不一定適合帶著微笑面對，但是保持親切的態度和說話口氣則是絕對必要的，當家屬從踏進大門的那一刻開始，禮儀服務人員起身迎接，詢問有什麼需要幫助的地方，引導家屬到諮詢室，倒杯水給家屬，從這段時間中仔細地觀察顧客的神情，以便隨時調整自己的態度。

因為面對的多是帶著悲傷情緒的家屬親友，這些失去所

禮儀服務人員以親切態度面對顧客

愛之人的人們可能因為事發太過突然而不知所措，或許仍無法接受生離死別以至於精神渙散、注意力無法集中；在如此的情況之下，他們沒有辦法主動開口詢問相關的資訊，此時禮儀服務人員必須先注意喪親者的情緒，主動開口慰問家屬目前的狀況，不一定要立刻切入殯葬的處理事項，應該是先關心家屬個人的狀況，讓他們的情緒稍微平靜一些，也能夠意識到自己現在需要處理亡者的身後事了，有了循序漸進的過程，喪親者和禮儀服務人員彼此建立起溝通的橋樑，順其自然就能開始關於殯葬處理的話題。

從單純提供用品到喪禮整體規劃及實際操作，在此期間除了為亡者盡心盡力，也必須關懷生者，服務內容的增廣使得一名專業禮儀服務人員，必須具備許多以往殯葬從業人員

未曾擁有的條件。

一、具中、高等學歷者

普羅大眾對死亡採取的態度大多避諱，殯葬業對大多數人來說往往帶有一種神秘的色彩，甚至讓人有懼怕的心理，於是過去會投身殯葬業的人，大多是因為有親屬關係，對死亡和殯葬事宜稍有瞭解；另外在一般的教育學程中，亦很少見殯葬相關的教育課程，這一方面的民智不開，以至於殯葬業的從業人員多數來自於從小即有接觸的人。

這些從業人員進入這一行後，許多技術都是靠著師徒制的方式，土法鍊鋼學習，而且服務的對象通常都是地方鄰里的長輩友朋，不如現今大型生命禮儀公司的客戶多元，服務內容也較現在少了許多，於是這些殯葬從業人員憑藉著學習傳承的技能，尚能應對處理。

可是隨著時代的變遷，台灣的教育程度普遍提升，加上都市化導致大型城市的興起，融入不同的族群與宗教信仰，這些變化讓殯葬業者面臨挑戰。

萬安生命在決心提升自身形象的同時，也看見了社會快速變遷後的殯葬產業，勢必將轉型成為新興服務業，為了使服務品質比其他同行更為精緻和突出，因應年紀經歷、知識背景各不相同的客層時，禮儀服務人員得要有能力隨機應變，於是萬安生命從禮儀服務人員的調整開始出發。

首先在人才素質上必須改變的是——殯葬從業人員的普

遍教育程度。現在的顧客不只是要禮儀服務人員提供商品，對於彼此之間的對話交流也十分看重，擁有一定的教育程度可以提供一些互動時的文化與專業基礎。

台灣近年來也在大專院校及專科學校開設了殯葬禮儀的相關科系與學程，如南華大學生死學系與生死學研究所、國立台北護理健康大學生死與健康心理諮商系及生死教育與輔導研究所，以及國立空中大學附設空專的生命事業管理科和仁德醫護專科學校的生命關懷事業科，還有其他如華梵、玄奘、真理大學所開設殯葬相關的學程課程，每年畢業於相關科系的學生投入殯葬業職場的人數也不在少數，更可以讓民眾在被服務時能夠有足夠的信任感，相信禮儀服務人員擁有紮實訓練的專業水準。

以最莊重的心意送亡者最後一程

二、語言能力

取得信賴感之後，接著要和家屬溝通殯葬禮儀規劃的一切事宜，這時候又有新的問題產生——語言上的障礙。儘管台灣社會已通行國語好幾十年了，但是從國外回來台灣處理後事的華僑同胞或是年紀已大的長輩，他們可能長期以來都沒有使用國語的習慣，導致無法用國語溝通，這樣很可能會讓禮儀服務人員無法瞭解家屬的需求，而家屬也不能明白其提出的各種建議用意為何，容易造成彼此之間的誤會和不快。

所以公司在招聘新進員工時，亦會特別注意語言能力。台灣社會通行的國語以及族群人數較多的台語是比較普遍的語言，員工必須具備這兩種語言為基礎，若是擁有其他如客語、英語等語言能力則更為加分。

試想，如果能在家屬悲痛難忍、心力交瘁的時候，以他們最熟悉、最親近的語言溝通，除了能讓他們在繁瑣的殯葬過程中，不至於因為聽不懂禮儀服務人員所叮嚀的事項而出錯，覺得對亡者不敬和自責；在過程中因為使用了家屬慣用的語言，可以讓家屬的內心不會感到和禮儀服務人員之間有隔閡，能夠安心地將一切託付，形成良好的互動，間接安撫生者悲傷的心靈。

三、專業證照

禮儀服務人員的專業能力可以從教育中培養，讓一般民眾有一個具體明確的依據，知道殯葬處理是一門和律師、醫師等等其他師字輩的行業一樣，是需要經過長時間學習培養才能熟習的技術；除此之外，還有沒有其他方法可以證明殯葬禮儀是一項專業技能呢？

社會大眾可能沒有想過原來殯葬禮儀也是一門專業的技術，並不是隨隨便便的人就能夠勝任，而當業界不斷地努力以提升產業的文化與專業水平時，若是能再加上政府的力量，那麼絕對是能夠事半功倍的。

因此，民國九十七年起政府開始舉辦「中華民國技術士喪禮服務類別丙級技術士」的考試，將殯葬禮儀技術證照化。這項政策不但可以讓民眾瞭解殯葬禮儀有其專業性，擁有證照的禮儀服務人員代表通過了國家認定的考試，達到標準，這也代表民眾可以在服務品質上得到一定的保障。

本著服務至上的心態，以永續經營為理念，招攬優秀的人才進入公司，這是因為萬安生命明白人才是公司最重要的根基。公司的職員，無論是早已投身殯葬產業的同仁，或是正要起步加入殯葬行業的新進人員，都有自覺地向上提升自己的能力，到目前為止，萬安生命已經有二百多名的殯葬禮儀服務人員通過考試取得丙級證照，這項成績也是同業之冠。

企業帶領員工，不只幫助員工求得實務上的進步，也要帶心，當每位員工都能有提升自己的觀念，正向的心態可以為公司帶來源源不絕的活力，由上到下一片朝氣，不僅有動力提供更好的服務，也能不斷地創新與提升，持續地朝永續經營的理念上邁進。

四、無刑事犯罪紀錄證明

殯葬業一直以來都是提供服務的行業，早期是提供用品、搬運的勞力，主要服務的對象是亡者。由於社會風氣的影響，台灣民眾多數避談死亡，造成了大家對於殯葬產業的諸多誤解，願意投入殯葬業的人是少之又少。

人才青黃不接之際，政府實行大掃黑，許多黑道無法以舊有的生活方式生存，他們必須找一個能維持生計的新出路，而因為殯葬產業是許多人不想也不敢碰觸的領域，卻又是人人都會受用、充滿商機的行業，迫於政治局勢的改變，當他們發現還有另一個有利可圖的管道時，黑道就進入了殯葬業。

此後殯葬業亂象有增無減，時常可見社會新聞報導，葬儀社瞞天喊價、喪家敢怒不敢言，或是遺體處理隨便，對亡者不敬也危害公共衛生，諸如此類的負面消息使得殯葬產業已經低落的整體形象更是雪上加霜。

要改變那些根深柢固，對於殯葬產業不佳的印象，需要仰賴長久的毅力和持續的行動，提升人才的素質是一個很好的開始，而且社會風氣已慢慢改變，這也使得殯葬觀念改變，大家漸漸知道其實殯葬業者不只是在替亡者服務，也在為生者服務；於是除了在招募新進人員時，會要求須具備中、高等以上學歷之外，還要求公司所有同仁都必須沒有刑事犯罪紀錄，為的就是使外界不再用負面的眼光來看待殯葬從業人員，能夠完全放心、沒有後顧之憂地信賴禮儀服務人員，也能明白過去的殯葬業已經轉型成為生命禮儀服務事業。

女性禮儀服務人員的增加

在台灣傳統觀念中，女性一生的目的是結婚生子，不用出外工作，在家相夫教子就是最大的責任；但隨著經濟起飛，台灣社會結構有了轉變，愈來愈多的女性投入職場且表現相當良好，許多女性亦紛紛希望能在職場中尋得對自我的成就感，於是「男主外、女主內」的傳統觀念，如今已淡薄許多。

這種現象在殯葬業界似乎起步較慢，禮儀服務人員仍以男性居多，除了傳統觀念的影響之外，另一個原因是以前的殯葬服務多半靠的是大量勞力，女性從業人員較難有發揮之處，不過隨著時間推移，禮儀服務的分工越來越細膩，項目也愈來愈多元，女性也能在殯葬行業中找到適合女性特質的項目，例如：「遺體美容」與「花藝設計」。

有愈來愈多的女性願意忍受生理上的不便和勞力上的辛苦，投入殯葬業服務，除了較一般行業優渥的待遇外，殯葬從業人員還能從協助喪家辦理殯葬事宜中，得到助人的快樂及成就感。除了一般殯葬禮儀的知識之外，女性細膩溫柔的特質在專業的服務過程中，比起男性禮儀人員，更能夠帶給喪親家屬信任與貼心的感受，殯葬服務業於是成為有自主能力的女性心中所嚮往的行業之一。

日本殯葬服務專業化的影響

在殯葬服務過程中，能以最正面的態度和最專業的知識，為喪親者做出最有品質的服務，台灣在這部分受日本影響甚深，這是因為日本歷史上受中國文化影響極大，而台灣文化也承襲中國甚多，兩者在殯葬禮儀的文化上較為相近，而且日本曾殖民台灣，其殯葬禮俗也因此傳入台灣，對台灣

日式祭壇，呈現精緻協調的藝術感

的殯葬禮俗產生影響，於是當台灣朝殯葬服務專業化的目標發展時，不論是在硬體或軟體上都積極向日本學習。

日本的殯葬禮儀服務之所以為人稱道，乃是由於其本身的生活文化態度，做人處事和對待事物都是以認真嚴謹的態度來看待，落實在殯葬禮儀方面，也自有其文化特色。

在硬體部分，日本的殯儀館或是其他殯葬設施都非常乾淨雅緻，殯儀館如同五星級飯店一般，有著藝術氣氛的人文造景，櫻花樹、假山、流水等等，幽靜嫻雅的環境，讓來弔

以透明壓克力材質製作的豎靈台，給人清淨的視覺感受

念的人心靈能夠得到放鬆重獲平靜。另外，日本相當注重個人的隱私，例如骨灰火化後，撿骨動作是請親屬自己動手，這乃是尊重亡者的隱私，如同在世時一樣，沒有人在活著的時候會隨意讓旁人看見自己的身體，死後的大體也是一樣，日本將這樣的精神延續下去，即便已火化看不見形體，骨灰仍然屬於赤裸的，所以只能給親屬看到；此外，就連殯葬禮儀使用的器具也要講究，像是撿骨時使用的筷子，只單獨給一位亡者，用過就丟棄了，在做事態度和細節上力求對亡者和生者的尊重。

日本不僅是在硬體建設上講究，更重要的是日本在殯葬禮儀服務的精緻性，強調人的服務態度和品質，這就是所謂軟體的部分。

在棺木中放入寫下祝福的紙鶴，展現最後的懷念

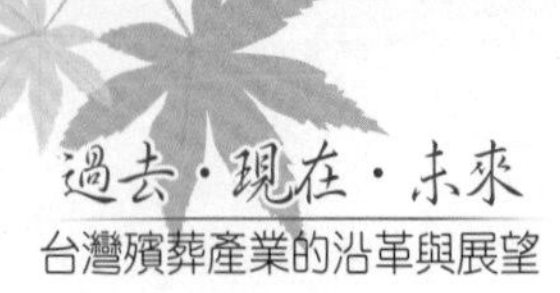

從事服務業的人本身一定要擁有其職業的專業相關知識以及技能，所以在日本的禮儀師是有證照的。證照制度嚴格且起步得早，日本將禮儀師分為「二級」和「一級」，台灣則是民國九十七年開始舉辦「中華民國技術士喪禮服務類別丙級技術士」的考試，將殯葬禮儀技術證照化，殯葬禮儀服務人員才能憑藉官方認證證明其專業能力。

在台灣，禮儀師證照的取得，必須通過前述的「中華民國技術士喪禮服務類別丙級技術士」考試、考取喪禮服務乙級證照，並且實際從事殯葬禮儀服務工作滿二年以及修畢殯葬相關課程二十學分，三者兼備才能取得專業禮儀師證照；台灣的禮儀師考照不只要考筆試，還有術科考試檢定，必須現場實際操作，日本禮儀師的考試範圍更廣，基本關於殮殯葬的程序是一定要瞭解的，但不光是和台灣一樣要考術科考試，更進階考相關的其他技能，例如喪禮的會場布置需要花卉布置與插花技能，所以日本的禮儀師就連插花的技能都要具備才行，故在日本，要十分專業、「一級」的禮儀師才能承辦大型的殯葬服務案件。

日本殯葬禮儀服務不論是硬體或軟體部分都影響了台灣，台灣的殯葬企業要求員工穿上制服，用心建設殯葬設施，除了這些，日本的殯葬服務還有一項特色，那就是他們認為在殯葬的過程中禮俗並不是最重要的，在殮殯葬服務的過程中，重點在於「家屬的需求」，禮俗是旁襯。

日本的殯葬服務觀念中認為禮儀師是導演，家屬是演

員，要辦好一場喪禮最首要也是最重要的一點是必須和演員溝通協調，和家屬協調完成，一場喪禮等於辦好了一半，這是因為日本的殯葬禮儀服務在重視亡者的同時，也同樣看重生者；和喪親者討論將殯葬儀式中需要的物件挑選出來，完成亡者自己的心願也符合家屬的期待，這種以生者意願為主的觀念，對台灣也產生影響。

對於台灣這樣重視民俗傳統的社會，喪親者往往會覺得如果自己不像他人一樣按照禮俗來做，可能會被認為是不孝的表現，抱持這樣心態的喪親者即便是對殯葬過程有不同的意見也不敢說出來，對於生者來說，喪禮辦完心靈卻沒有被撫慰，反而更加鬱悶，這種結果相信也不會是亡者所樂見的。

台灣近年來已經愈來愈加重視生者在殯葬過程中的心理及生理狀態，殯葬過程也從過去的殮、殯、葬三部分之後，又加上了「續」的部分，針對生者進行悲傷關懷，從旁協助生者回到正常的心理狀態與生活。

台灣的殯葬禮儀服務受日本影響甚多，工作內容和心態上不斷地改變，從前只是代客訂貨，演變到後來開始提供禮儀上的服務，結合了物品的調動以及服務支援，成為一名管理者，在顧及品質的同時更要求新求好，必須關照一切人事物的細節，從殯葬物品的創新到照顧喪親家屬的心，以客戶的需求為依歸。

近二十年來殯葬產業轉型有成，社會大眾對殯葬禮儀有更多的瞭解，許多觀念跟著改變，殯葬產業漸漸從負面的印象轉換成正面的印象，逐漸脫離以往讓人懼怕的印象；也有愈來愈多的年輕人，想要加入禮儀服務人員的行列，最近幾年應徵者的學歷逐漸提升，女性投入殯葬服務業的人數也慢慢增加，人力素質從過去的衰老、腐舊變得活力有新意。

萬安生命近二十年來，在人力素質上不斷地努力提升，成功地走在前頭；這些持續的變化和成長都見證了台灣的殯葬產業以努力不懈的精神提升與轉化，而這些努力的點點滴滴也將成為台灣殯葬文化的積澱，提供台灣在未來引領國際潮流的養分。

用心專業的服務團隊

生前契約的崛起與影響

- 生前契約的概念
- 生前契約的內容
- 生前契約的好處
- 台灣的生前契約和國外不同之處
- 如何選擇一份屬於自己的生前契約

當喪親者來到生命禮儀公司洽談如何處理亡者的身後事時，禮儀服務人員時常可以見到一個畫面，那就是家屬彼此之間為了辦好喪禮，每個人都有各自的意見，常常因為觀念與習慣不同，或信仰不合，又處於失親的悲傷情緒中，難免會有摩擦與衝突的情形。

在治喪中發生衝突的情形，許多禮儀服務人員早已見怪不怪，但是這種情況會讓所有參與治喪過程的人，不只心情上受到影響，連帶的也可能會耽誤到治喪的流程。原本想要為所愛之人圓滿地送這最後一程，卻被這些衝突爭執給破壞，更糟的情況可能使得生者之間失去了情誼，如此結果不會是家屬所樂見的。

那麼該怎麼做才能減少家屬之間意見不合而產生的摩擦，讓一場喪禮得到圓滿呢？有一個方法可以一勞永逸，那就是——簽訂生前契約。

生前契約的概念

大多數的台灣人對於生前契約可能還不是很熟悉，但在歐美以及日本，生前契約可是推行已久，台灣則是在民國八十二、三年才開始推行，由國寶集團率先引進，其後萬安生命、龍巖人本、金寶山等公司陸續跟進。生前契約，可以從字面上來拆開做解釋，所謂「生前」，意思是指生前就決定死後的殯葬禮儀服務，和禮儀服務公司簽定與購買契約，

等待死後的履行；所謂的「契約」就是當事人和生命禮儀公司雙方都同意之下，簽定的合約，有書面的資料為證，往後一切殯葬儀式就依此契約內容來執行。

簡單地說，生前契約就是找一家殯葬禮儀服務公司，決定好往生後的殯葬禮儀服務，在雙方同意的情況下簽訂合約書，在未來的某個時間點提出履約使用。早在十九世紀，英國就有類似生前契約的概念——遺囑信託，內容是有關身後事如何安排處理和遺產的分配，將這些事務以信託的方式，指定受託人執行；到了二十世紀，這個方式已在英國普及並傳至美國，美國更注重顧客的需求，並且以企業化經營的模式，建構一套專業的服務。

生前契約在歐美各國風行已久，台灣直到民國七〇年代至八〇年代才漸有所展，這是因為台灣由於風俗民情不同，和國外相比對於死亡仍然是充滿禁忌，日常生活中關於死亡的話題則是能避就避。

早期人們大多覺得生前契約是將死之人才需要去考慮的事情，若是勸人在身體心智仍健康時訂定生前契約，彷彿成了一種詛咒他人的缺德行為，這種觀念使得個人生涯規劃中缺乏了往生後的喪禮規劃，而且政府在殯葬方面的法令政策制定、修訂也不甚完備，教育方面對於殯葬事宜的課程安排也屬少數，國人對於殯葬的陌生導致生前契約在台灣推行的進度緩慢。

其實生前契約就如同保險，是一種事先預防的概念，一

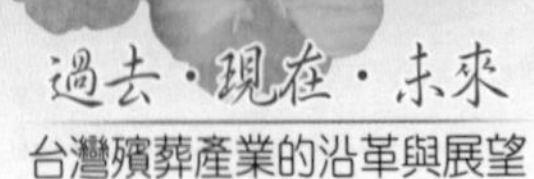

般保險讓定時繳納保險費的投保民眾，在碰上意外時得以領回一筆錢，解燃眉之急，或是供往後生活所需，使得在意外發生時，有所保障。生前契約的精神也是如此，讓民眾在身心健康時，事先規劃好自己的身後事，並且繳納辦喪所需的金額，簽訂契約以確保供需雙方皆得守信。

生前契約的引進，開始了「緣」的概念，告訴人們殯葬是可以生前規劃好的，人在世時就和生命禮儀公司有了聯繫，建立了關係，這就是生命禮儀公司和顧客之間的「緣」；這樣的立意是良善的，能夠讓人為自己的身後事做主，對於殯葬經營者也是好事一件，能夠開拓出新的客源，獲得更多為人服務的機會，也得到資金供其運用發展更完整的組織，這對雙方都是互惠的好事。

近年來，生前契約觀念逐步被台灣的消費者所接受，其原因來自往生文化的推展。

台灣的學術教育中，在大專院校已有殯葬相關的科系成立，並且有在職專班的進修課程，這些都讓一般民眾有機會瞭解過往令人害怕抗拒的殯葬業，這是產學界和政府努力合作的成果，透過廣告媒體、行銷傳播、教育宣導，形塑面對死亡的正向意義，試圖扭轉民眾對生前契約的印象，潛移默化地讓社會大眾有了應該為個人做生命規劃的觀念。

往生文化觀念油然形成，也有要實際配套的運作，於是生前契約從國外引進台灣，這是受潮流影響的結果。

生前契約的內容

生前契約的內容將人從往生前的臨終關懷開始，到往生後的大體接運、冰存安置，大體暫時存放後，接著豎立靈堂、指導家屬居喪期間的事宜和細節，例如選擇奠禮的場地、舉行奠禮的時間、會場的布置、訃聞的製作、骨灰罐的選定等等，這些細節都需要家屬和禮儀師共同討論；奠禮時，禮儀師會帶領奠禮儀式，將大體封棺，正式和亡者做最後的道別，結束後發引至火化場進行火化，撿骨、封罐，再進行安奉晉塔或是安排其他葬法；最後請家屬確認簽下「服務完成確認書」及填寫「客戶滿意度調查表」，並在百日對年時寄出關懷卡等等的後續關懷提醒，才算是完整履行了一

禮儀服務人員執行接體服務

份生前契約。

這些內容並非硬性的規定，有些生命禮儀公司推出的生前契約，內容事項繁多，卻不一定每一樣都符合家屬的需求。這個時候一定要在簽訂契約前，再三確認清楚生前契約裡會被執行的項目，免得花錢做了許多不需要的服務，讓人心疼過度的花費也造成資源浪費。同樣的道理，若是已簽約後有新的更添，對於服務項目不論是要去除還是要增加，都必須經由雙方同意，相互尊重、溝通，避免誤會衝突的發生，才能讓整個殯葬過程有圓滿的結局。

生前契約的好處

碰上所愛之人的離去，家屬通常因為傷心過度，無法

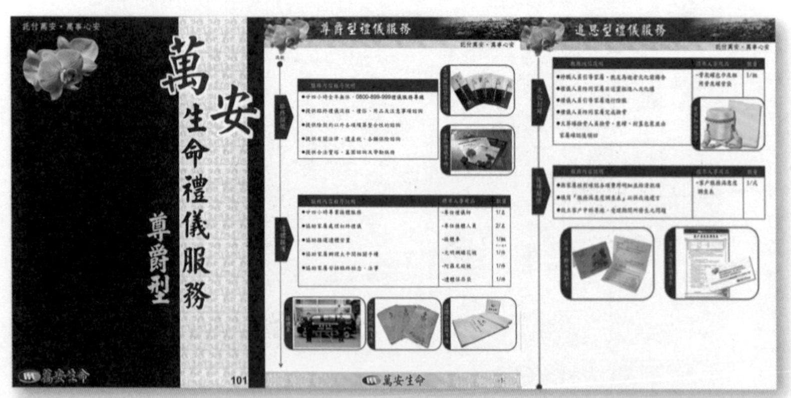

多種套裝服務，家屬可從中挑選最符合需求的禮儀服務

理性清楚地去處理繁瑣複雜的殯葬程序，只能聽命於禮儀師一個口令一個動作地完成，不明白自己是否為亡者盡了最後一份心力，也沒有足夠的心理準備去消化自己悲痛難過的情緒，雙重的壓力之下，許多人不自覺地產生心理憂鬱的現象，而健康也可能出現問題。

生前契約則可以讓人在身心狀態均健全的情形下，正視生死課題，事先做好心理準備，以清楚的思緒理性面對，因思及死亡而帶來的焦慮不安，萬安生命推出生前契約的精神即是如此，出自於豁達、開朗及健康的生命觀念，鼓勵人們妥善周詳地將身後事以書面明確的方式委託交辦，是一份以亡者個性與家屬意見為依歸的「生前殯葬計劃」或「預約型殯葬服務」契約。

而過去因為部分殯葬業者在處理殯葬的作業流程上大多沒有統一標準化，儀式繁多且未能詳加解釋其背後意義，家屬對儀式有疑問也未能解惑，導致喪親者可能產生花費甚多但卻不明所以，產生對殯葬業者作業上的懷疑，造成了殯葬業在社會大眾心中留下了不良印象。有了生前契約，作業有標準流程且透明化、專業化，價格也公定公開且通常較為優惠，供需雙方可以清楚明白地達成事前共識，減少紛爭。

生前契約的履約服務，有專業的禮儀師領導團隊，服務人員也都經過專業的訓練，擁有一定的教育水準且具備良好的服務態度，最重要的是他們都是二十四小時無休、全程服務，讓家屬能完全放心。除了殯葬儀服務人員的水準提升之

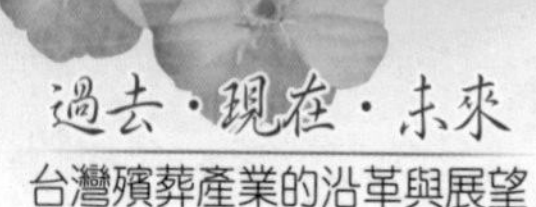

外，禮儀用品也一樣確保品質，能配合家屬實際的需求做調整或更換。

透過這樣的預約性安排，人們不只可以在充裕的狀況下選擇自己想要的殯儀形式，還可以減輕遺族的壓力，這才是真正豁達和慈愛的表現。

台灣的生前契約和國外不同之處

國外生前契約是本人直接至生命禮儀公司詢問購買，台灣雖然也可以直接找生命禮儀公司洽談，但大多仍是透過不同的行銷管道發售，這是由於在台灣生前契約可以自由轉賣的關係。

台灣法令規定一張生前契約需提撥75%的繳付費用存入信託帳戶，不得動用，政府再從剩下的25%中抽5%的稅收。那麼一張生前契約能動用的錢是20%，假設一張契約，生命禮儀公司售價十五萬元，那麼能夠被動用的錢就只有三萬元，這三萬元含括了銷售生前契約的禮儀服務公司之人事管銷成本、服務據點軟硬體建置所需成本，以及業務佣金。

而過去有的生命禮儀公司在賣出生前契約時，會告訴購買者，生前契約的價格是會隨著物價的上漲或是公司調整的價格而改變的，今天賣出的契約，之後等物價上漲或是公司公告將價格拉高後，當初購買時的價格也跟著變高，造成購買者的困擾，容易使民眾忽略關於生前契約的種種好處，扭

曲了原先引進生前契約的良善立意點。

當經濟不景氣時，一般民眾光是照顧眼前的日常生活就已氣力用盡，根本沒有多餘的心思想以後的事情，生前契約的銷路大受影響。不過對於為了預先規劃而非投資的消費者而言，如果買的時間早，即使後來公告的價格調漲，仍然可以用當初購買的價格使用公告後調整的服務內容，對於有心想好好為自身事打算的民眾來說，算是優點之一。

如何選擇一份屬於自己的生前契約

有些業者在法令還未上路之前，便已引進生前契約，並且將生前契約視為一種健康投保，意思是若未帶病來買生前契約者，契約的實行須在一百八十天以後，若是在一百八十天內實行，那麼購買者則有可能被懷疑是帶病投保，如此對於其他消費者有不公平的嫌疑，所以要加收費用；有些公司對此則是不設限制。

從民國九十一年「殯葬管理條列」正式實施後，法令明文規定殯葬禮儀服務業應該就其提供之商品或服務，與消費者訂定書面契約，生前契約亦在此之列。為了保障委託人和受託人彼此的權益，法令也規定書面契約之格式、內容，應訂定定型化契約範本及其應記載及不得記載事項；書面契約中，若是未載明之費用就無請求權；而且不得於契約訂定後，巧立名目，強索增加費用。

法令亦明文規定，與消費者簽訂生前殯葬服務契約之殯葬服務業者，須具一定之規模；另外，其有預先收取費用者，應將該費用的百分之七十五依信託本旨交付信託業管理，而且這百分之七十五的費用得等到客戶確簽「服務完成確認書」後才得以提用。這也是政府為了保障消費者所訂定的政令。

有了政府的保障，讓民眾在簽訂生前契約時，知道該選擇什麼樣的生命禮儀公司才最能安心。

一家銷售生前契約的生命禮儀公司，須符合下列條件的規範，才能具備合法性。

一、擁有合法證明

首先當然必須是一家經過政府認可、合法營業的生命禮儀公司，那麼就需要擁有公司營利事業登記證，並加入殯葬服務業之公會，始得營業。與消費者簽訂生前殯葬服務契約之公司，應置專任禮儀師，且須具一定規模；其應備具一定規模之證明、生前殯葬服務定型化契約及與信託業簽訂之信託契約副本，報請直轄市、縣（市）主管機關核准後，才能夠與消費者簽訂生前殯葬服務契約。而生前殯葬服務契約，也應符合中央主管機關訂定的定型化契約範本及其應記載及不得記載事項。

二、生前契約定型化

先前已提過法令明文規定書面契約之格式、內容，應訂定定型化契約範本及其應記載及不得記載事項。生前契約的應記載及不得記載事項，如契約應載明消費者姓名、聯絡方式及殯葬服務業者名稱、聯絡方式，審閱期不得少於三日，不得約定廣告文字、圖片或服務項目僅供參考等等，這些規範項目，一方面保障消費者權益，另一方面也讓業者在規劃與執行契約內容時有所依歸。

三、費用透明公開化

「殯葬管理條例」裡規定生命禮儀公司應將相關證照、商品或服務項目、價金或收費基準表公開展示於營業處所明顯處，並備置收費基準表。在書面契約中若是未載明之費用就無請求權；而且不得於契約訂定後，巧立名目，強索增加費用。

四、契約金須交付信託

預先收取費用者，應將該價款的百分之七十五，依信託本旨交付信託業管理，而且這百分之七十五的價款得等到服務完成，且客戶確簽「服務完成確認書」後，業者才能向信託機構提取後續款項。

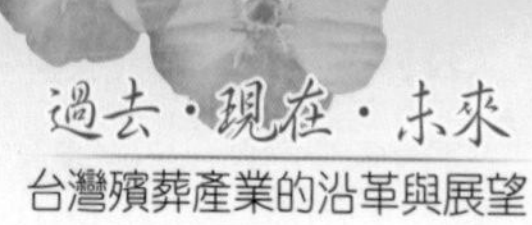

五、接受公開嚴格的監督

能夠接受市場公開的考驗，也可以接受政府主管單位的審核，如果有違者必受罰則。在內政部的全國殯葬資訊入口網，即定期更新合法銷售生前契約業者的名單，提供民眾查詢。

一家值得信賴的生命禮儀公司絕對必須要守法，並且以上條件缺一不可。找到一家能夠信任、立意充滿良善的生命禮儀公司，好好地規劃自己未來的身後事，不只讓家人不必為了規劃身後事的時候，在傷心之餘還弄得焦頭爛額、身心俱疲，也能讓自己和家人正面看待死亡，以積極態度面對人生，更加珍惜生命，這才是生前契約真正的精神。

生前契約範本

醫院往生室的變革

- 太平間改革的原因
- 如同高級飯店的往生室
- 尊榮的周全照顧
- 美好的改革有目共睹

台灣多數人受到民間信仰的影響甚深，認為人死後有靈，再者沒有人對死後的世界有親身的體驗，於是大家在這種不瞭解的情況下，往往對於與死亡相關的事物產生懼怕的心態。

一般的中大型醫院都設有太平間，太平間有規劃暫存大體的冷藏室，殯儀館也同樣有冰存大體的設施，在過去，這些地方的共通點是光線陰暗，讓人感覺整個空間呈現冰冷、黯淡的氣氛。

為了避免影響到一般人的心理情緒，醫院的太平間多半設置在地下室，位於醫院較偏遠處，再加上大眾對太平間的懼怕，所以幾乎沒有人願意多花心力去關心這一塊被人刻意遺忘的角落。

但上述這些情況幾乎已經成為過去式，現在的太平間已經不再如大家以往認為是陰森可怕的地方了。

太平間改革的原因

太平間現在多被稱為「往生室」，主要的功用除了讓大體在奠禮之前有安身之所外，現在的往生室多規劃有接待室、家屬休息室、助念室、祭拜室、禮體室、悲傷輔導室等等，空間設備齊全完整，而且環境都是明亮乾淨，如此重大的轉變始於民國八十六年，萬安生命的身先士卒。

民國八十六年，萬安生命獲得長庚醫療體系的信賴與託

付，在林口院區內整建首座素雅明亮，令人耳目一新的往生室，完全推翻傳統太平間陰暗冰冷的印象。其實在這項創舉之前，萬安生命早就已經有在太平間服務的經驗，至今已有二十年的歷史，但在民國八十六年之前，太平間仍是一個眾人印象中黑暗陰森的角落，雖然大家都覺得難以忍受，卻沒有人踏出改革的第一步，直到董事長吳珅篁先生著手規劃經營，才讓太平間有了不同的全新面貌。

會決定投入大量的心力與金錢經營往生室的事業，首創往生室全新的空間規劃與服務，原因來自於吳珅篁先生的人生經歷。

吳珅篁雖然身為殯葬家族的第三代，但是他從小就不願意承認父親是從事於殯葬業，長大後的他也不願意投入家族事業，而是選擇出外到金融業發展，對於這個家族身分他一直都是抗拒的；但在母親去世時，他的人生有了轉變。

母親病逝時，他陪伴母親到醫院地下室的太平間，來到太平間的這一瞬間他才深刻體認自己的無能，明明家裡就是從事殯葬行業，卻讓母親躺在又冷又硬的鋼板上，整個太平間既陰暗又狹小且髒亂濕冷，他和兄弟姊妹一起擠在守靈的台階上，那股腐壞衰敗的氣氛深深地烙印在他的心底，他為母親難過，更為自己的無能為力深感痛心。

於是他決心要改變，他要讓太平間不再是讓人害怕的地方，此後他正式投入殯葬業，勇往直前地邁開了改革殯葬業的步伐，改革太平間正是他在殯葬業界的創舉。

如同高級飯店的往生室

因為母喪時親身感受到太平間那種使人感到壓迫、心情鬱悶的氣氛，還必須忍受自己深愛的母親得待在這種讓人難以忍受的空間裡，這些痛苦的經歷讓吳珅篁開始思考：我不能忍受自己的親人處在陰森恐怖的空間裡，其他的家屬肯定也不願意。於是他思索該如何改造太平間，才能讓亡者得到和在世時一般充滿尊重的對待，同時也能讓生者感受到人性化的服務與溫暖。

首先得進行改變的是硬體設備，動手做這些改革設計時，萬安生命除了用心將生歿兩方皆納入考量之外，也參考了許多專家的意見，例如室內設計師、燈光師、研究殯葬禮俗的專家學者，得到這些專業人士的寶貴想法後才實際動作，這一切都是為了要給亡者和喪親者更好的殯葬空間。

過去的太平間讓人感到不滿意的主要有三個狀況：第一，整體空間晦暗陰森，待在太平間讓人心裡感到冷冰、沒有溫暖；第二，處理大體的空間動線不流暢；第三，太平間裡的大體隱私不足。針對這三個問題，萬安生命一一做出下列的改善。

一、燈光設計

過去的太平間總是看來陰暗、森冷，這是因為太平間的

燈光以及冰櫃和停屍床，皆是屬於鐵或鋁的材質，兩者都是冷色調，搭配起來讓人在視覺上覺得慘白，進而影響心理感受，這個問題可以藉由燈光的調整來解決。

那麼如果整個空間全部都採用白色的燈光，會不會讓人感覺安心呢？答案是否定的，白色的燈光雖然會有明亮的效果，但若是全部都用白燈會顯得太亮、過於生硬；如果改成全部都是黃色的燈光呢？答案也是否定的，這是由於黃色的燈光雖給人溫和懷舊的感受，但假設全部使用黃燈，則會顯得太軟太柔，容易讓家屬陷入悲傷的情緒，也不適宜。

所以在燈光的調整上，必須注意燈光顏色分配的比例，在黃白燈光交互使用下，找出一個最適當的光線比例，讓喪親者感到平靜溫暖。

二、空間色系

因為知道當一個人失去所愛時，心理上需要被安撫，所以設計從視覺上出發，務必也要達到撫慰人心的效果，於是萬安生命一開始就把這個訴求告訴設計師，在整個往生室的空間裡，包括四周的牆面、室內的物品等等，都使用了溫暖舒服、讓人安心的色調，理由就如同燈光的設計，若是用色太過強烈鮮艷，會讓人在需要心情沉澱的時候反而內心無法平靜；反之，若是用色過於黯淡，可能會使本來就悲傷難過的家屬有更加無力、頹喪的感受。

三、動線規劃

動線規劃指的不光只是往生室裡的空間而已，而是從接運大體就開始直到將大體移至往生室的整個動線。考量的重點是要將亡者和家屬兩者的動線區隔，接體過程中家屬的隨侍在旁，到達往生室後則必須做出區隔，一方面確保公共衛生的安全，另一方面也讓家屬感受到親人已逝的事實。

四、遺體區隔

早期，家屬到達往生室時會發現一種情況，那就是每具大體比鄰而置，只覆蓋單薄的往生被，當家屬要到自己親人身邊時，得繞經其他的亡者面前，這不僅造成生者的心理壓力，更是對亡者的不敬。

萬安生命注意到了這個問題，所以在往生室的規劃上特別注重要讓每具大體都有其隱私性，不會隨意地被擺放，亦不隨意地曝露在眾人面前。

往生室的硬體設備改善了，空間美化後顯得寬敞、明亮和溫暖，不再髒亂，陰森恐怖，但是萬安生命考量的層面不僅如此而已。

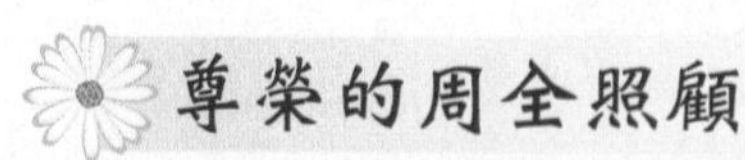

尊榮的周全照顧

擁有了素雅舒適的往生室還不夠，要給亡者和喪親者周

全的照顧空間，除了硬體設備以外，還必須加以延伸照顧到更多的需求。將以往單純暫存大體的往生室加以改造，搖身一變成為能提供生者和亡者不同所需的全方位空間。

當所愛之人斷氣的那一瞬間，生者和亡者陰陽兩隔，禮儀服務人員將大體接至往生室停放，生者此時的心情肯定是錯綜複雜，難忍永別的失落。萬安生命為生者設想，特別設立了家屬休息室，讓家屬能夠待在離亡者最近的地方，卻又不必直接面對亡者，得以整理自己悲痛難過的思緒，平靜心情。

在亡者的照顧方面，公司也多加用心，希望盡可能地讓大體不必被長距離移動，所以設置了助念室，讓家屬能就近為亡者助念，協助亡者離苦得樂。助念的概念與方法依著每位亡者的宗教信仰而有所不同，所以在助念室的設置上必須考慮到如何在既有空間中能服務不同信仰的亡者。於是萬安生命設計出可以供佛、道教使用，也可讓天主、基督教運用的空間，採用的是可移動變更式的布置。

生死離別對於生者的影響絕對不是一時半刻就能恢復的，相愛至深，所以離別至苦，公司設立悲傷輔導室，讓家屬有一個溫和舒適的空間，緩和自己的情緒和放鬆緊繃的精神，也有專業的禮儀師，幫助家屬進行悲傷撫慰的過程，達到生歿兩安的目標。

美好的改革有目共睹

在林口長庚醫院的創舉為萬安生命打響了知名度，也鳴起了殯葬業界改革的槍聲，後續有許多同業群起效尤、紛紛跟進，開始在往生空間的規劃著手創新，大多是在硬體設備上不斷地尋求突破。這些做法當然有正面的影響，但卻忽略了最重要的——「待客如親，視逝如生」的態度。

為何萬安生命當初願意在無法評估效益之前，就砸下重金來建設新穎舒適又現代化的往生室呢？這一切都是為了表現「待客如親，視逝如生」的理念，也是公司改革往生室的初衷。

每一間醫院的往生室，在公司接手後，都立刻投入一筆龐大的經費進行改善，並且安排一群專業的禮儀服務人員二十四小時駐守在醫院，隨時出動服務。這些都需要花費很多的精神與財力才能做出提升，能不能賺錢是其次，重要的是要讓民眾在第一時間就能感受到殯葬業改變的誠意。

所有的人都喜歡到舒適又安心的地方讓人服務，偏偏以往與殯葬相關的服務場所幾乎都令人感覺恐怖，萬安生命看見了、也預見未來殯葬產業勢必導向服務至上的趨勢，改革往生室當然就成為提升品質的首要目標。

此後萬安生命陸續接受全省各地醫學中心及大型醫療機構的往生室委託，投入心血，更多充滿人性、現代化的設施與機能，提升了生命禮儀服務的專業。因為吳珅篁董事長當

初對太平間改革的信念，成就萬安生命發展為連鎖企業的願景，至今，萬安生命的服務據點已近五十處，成為國內最大型的專業禮儀服務集團。

萬安生命規劃的往生室，予人莊嚴安祥之感

尊榮禮廳空間明亮美觀，給人全新感受

殯葬評鑑與證照化

- 殯葬管理條例的演進
- 政府、產業、消費者三贏的政令：殯葬評鑑

自遠古時代開始，社會中就已出現了兩種規範人性的方法，一是「禮」，一是「法」。禮，看重的是心理上的道德自律，它沒有強硬的限制性卻有社會共同的約束力，凡是在此中生活的人都知道什麼該做、什麼不能做，能時時提醒自己做好該做的就是「守禮」，反之則為「悖禮」。

不過人的欲望也有道德自律克制不住的時候，於是就有法誡的出現。和禮相同，在共同生活的群居社會裡，大家達成共識，規範出一套凡是共同生活在同一區域的人們都必須遵守的秩序，違反者必須接受規定的處罰，這就是法律的初型。因為有了律法，人們的劣行受到限制和懲戒，社會才更容易維持平和及安定。

「禮」、「法」兩者在人們生活中的食衣住行各方面都是不可或缺的，但是人們的活動並不只於此，生活中還有其他方面必須注意禮俗和律法卻常被人們所忽略，那就是「生命禮俗」，也就是出生、成年、結婚、死亡這四個部分，它們分別代表了生命歷程中不同「過渡」意義的重要時刻。

「過渡」一詞在社會學的定義是生命從一個階段步入另一個階段，如「抓週」，這項風俗禮儀的形成，背景乃是因為過去，小孩在一歲之前常因為衛生習慣的問題而夭折，大多在過了一歲以後才會成長得比較順利，所以，為了慶祝小孩度過了這個危險期才有了抓週的活動，這就是其背後的意義。

又如要從青少年變成成年人也有禮儀舉行，以前是在

十五、六歲的年紀行弱冠禮，透過儀式告訴他大人該承擔的責任是什麼，讓他知道並做好心理準備，現在的成年禮則是在十八歲的時候。

婚禮也和成年禮有同樣的意義，是為了使其知道將來要照顧一個家庭了，這也是為什麼婚禮的儀式會這麼繁瑣複雜了，實際上有一項重要的意義就是要考驗新人的耐力，使之從儀式中體會到未來要經營一個家庭是一件很不容易的事情，不如以往生活的輕鬆，這是積極的正向意義。

如今在台灣較被忽略的是成年禮，而另一個不被重視的則是殯葬禮儀，這是由於殯葬禮儀的特殊性，不像出生和結婚是人生喜事，辦喪通常是在失去親人的情況，大家都沉浸在悲傷難過的情緒中，而人們在面對傷心痛苦的事情時，光是要調整心情就十分困難了，幾乎無法有多餘的心力去思考禮儀這件事，於是對殯葬禮儀的瞭解往往僅限於處理喪事的當下，當喪事結束之後通常不願意再多做回想，這麼一來使得殯葬禮儀只有少部分從事殯葬行業的人士瞭解，大多數的人在還沒碰上之前是完全不清楚的，而有過經驗的人們可能也只知殯葬的程序卻不明白背後的意義為何。

在禮俗上不被強調的殯葬禮儀，在法令上也同樣處於弱勢的角落，政府對於殯葬法令久久才作一次修正，直到民國九〇年代改進的速度才有所提升。

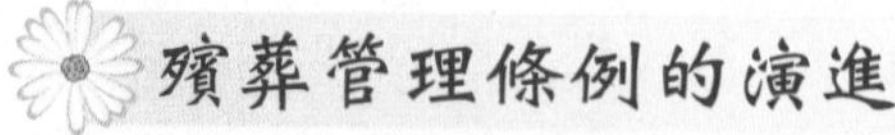

殯葬管理條例的演進

由於台灣在光復之前及初期，政府對於殯葬禮儀方面尚未立法限制，人們大多隨便找地埋葬大體，造成葬地附近的河水汙染形成公共衛生問題；又因為台灣土地狹小，政府對於土地利用必須寸寸斟酌，以便達成最大益處的利用，所以國民政府來台後，殯葬法令一直以來都較為重視「葬」的部分。

民國十七年由內政部公布的「公墓條例」，到民國二十五年頒布的「公墓暫行條例」，都在規範墓地的問題。「公墓條例」主要是公告各縣市政府單位必須建設公共墓地，以節省土地資源和控管公共衛生，條文中限制了私人墓地得通過縣市政府的審核，也限制公共墓地必須考慮鄰避因素，關於公共墓地的收費問題和墓地裡各個墓的面積大小、深度都有規定。

民國二十五年的「公墓暫行條例」的頒布是因為「公墓條例」中並無罰則的規令，積習以久的殯葬陋習仍難以改變，政府為了改善此現象，所以在「公墓暫行條例」中增加了罰則。另外，此條例比起「公墓條例」加上更多細節，例如公墓在設置上需要更加注意鄰避空間，公墓裡的墓地面積、深度的限制更清楚，且在公共墓地區域內建立停柩處、祭祀場所以及火化場，這些相關設施的限制規範都有提及，縣市政府每年年終得將公共墓地的情形回報給中央。

民國三十九年起政府高層更加重視墓地利用的問題，明白除了公共墓地的設立之外，若是不將民眾隨意找地埋葬的問題解決，土地仍然無法有效利用，於是由最高領導人帶頭提倡火化，希望可以達到土地節省和保持公共衛生的目的。即便有政府高層的推廣，台灣當時的火化場地及設備卻是破損、難以使用，而且每個縣市只有一個，雖然一般大眾還是認為死後應該要入土為安，但在此觀念影響之下火化人數亦少，不過火化場的設置相比之下仍是不敷使用。

公共墓地也只是區隔出一塊區域，雖說在條例中規定墓地周邊必須綠化，可是仍然美化不足，民眾對其觀感依舊不佳。公共墓地的改善一直要到民國六十五年政府提出「公墓公園化十年計畫」後，才因為成效良好得到民眾支持，開始於各縣市推動。

公墓規劃為專人管理，不過公墓公園化在實行的過程上，必須先將舊墓挖起、整頓好環境後再葬回，這其中的過程得經過和眾多墓主們多次的溝通協調，以及解決建造時可能碰上的問題等等因素，使得公墓公園化的進度無法和私人的墓園整頓一樣快速。

於是在民國七十二年政府又再一次提出了新的條例——「墳墓設置管理條例」，這是由於一般民眾的濫葬行為仍存，而且隨著時代的改變，「公墓暫行條例」已經不適用，所以政府重新制定了新的條例並廢止了前一個條例。

新的「墳墓設置管理條例」，重點仍然擺在墓地的管理上，改進了「公墓暫行條例」的法令，將墓地的管理分成公墓和私人兩個部分，公墓由縣市機關管轄，申請私人墳墓必須經由縣市政府核准；公墓的鄰避範圍明確地規範出距離；考量土地利用效益，縮小各墓地面積而且鼓勵火化塔葬，使得墓地利用空間從平面轉成立體，讓土地資源得以有更高度的運用。對於找不到後代的無主墓也有了明確處理程序的法令加以規範；其他相關殯葬設施，如火化場、殯儀館、靈骨塔也明令要由所在地的縣市政府立法規範。

公墓公園化的計畫也持續進行著，而且把改善的建設範圍擴大，不只公墓要公園化，殯儀館、火化場也都要增加建設並且美化，火化場的增加也呼應了時代的需求，節省了台灣的土地資源。除了改善原有殯葬設施的法規之外，也特別設置了處理濫葬的組織，以行動來遏阻民眾的濫葬行為，讓濫葬的現象得到控制。

上述這些法令與時共進，不斷地根據環境和時代的變化補充修正，民國九十一年政府再次頒布新法——「殯葬管理條例」。建立新法的原因是因前法（「墳墓設置管理條例」）的法條不夠詳盡，僅有公墓和墓地以及火化場、殯儀館等等場地的規範，其他如殯儀、葬法或執事人員、禮儀用品……都沒有規範，不符合現代社會的發展需求，政府重新立法限制，全面性地納入殯葬過程中所有的人事地物，加以管控，如此確保環境的維護、保障消費者權益也讓殯葬業者有法依循、保持良性競爭及品質。

「殯葬管理條例」的法則總共分作七則，一、總則；二、殯葬設施之設置管理；三、殯葬設施之經營管理；四、殯葬服務業之管理及輔導；五、殯葬行為之管理；六、罰則；七、附則。

總則中明白表示中央主管機關以及各縣市主管機關乃至鄉鎮主管機關，各自的殯葬管理權責為何。中央主管機關負責：(一)殯葬管理制度之規劃設計、相關法令之研擬及禮儀規範之訂定；(二)對直轄市、縣（市）主管機關殯葬業務之監督；(三)殯葬服務業證照制度之規劃；(四)殯葬服務定型化契約之擬定；(五)全國性殯葬統計及政策研究。中央機關主要就是針對殯葬產業的整體大方向做出決策，各縣市主管機關負責管理執行層面，鄉鎮機關亦同，但權責較小。

法令第二部分開始延續先前的法令，規範的是殯葬設施的設置管理，公私墓地、火化場、殯儀館、靈骨塔設施的面積、地點距離的限制，其中的設施、葬法以及如何買賣都有其規矩。

第三部分殯葬設施之經營管理則是第二部分法令的細部規則，包括火化屍體的檢核程序、公墓埋葬的時間限制、公立殯葬設施更動的準則及評鑑制度等等。

第四部分殯葬服務業之管理及輔導是過往殯葬法條中沒有出現過的，此乃因應社會變遷下的時代潮流，殯葬產業從提供物料的角色轉換成為人力及資源的調配中心，提供給消費者的不再只有物品還加上了殯葬人員的服務，是故條例

稱之為「殯葬服務業之管理及輔導」，殯葬業者轉型成服務業，服務消費者的範圍擴大，可能引起的問題就容易變多，政府也立出新規矩，規範殯葬服務業者的類別、經營得登記取得許可證，若是具有一定規模的殯葬業者則應有專任的禮儀師，並且明定禮儀師的職責範圍；殯葬業者須把服務資訊公開，讓消費者有所依準，而且和消費者交易時也必須簽訂書面契約，以保護雙方的權益；殯葬服務業定期接受管轄機關的評鑑審查。

第五部分是殯葬行為之管理，限制的對象除了殯葬業者之外，也包含了一般民眾，像是須在道路搭棚辦喪者得依照各縣市訂定規則實行，還得注意噪音問題，法令即規定辦喪時不得製造噪音影響他人。

第六部分的罰則針對前述第二部分至第五部分的準則，有違反者便依照情節明定其處罰方式。

第七部分附則補充說明了，在立法前即有的殯葬設施（如私人墓塚、提供存放骨灰的寺廟）該如何處置，以及為落實殯葬設施管理，政府仍然持續推動公墓公園化、提高殯葬設施服務品質及鼓勵火化措施，並且明令主管機關應擬訂計畫，編列預算執行之。

民國九十一年七月十七日頒布的殯葬管理條例，依然維持先前法令中對殯葬設施的重視，但不僅限於此，還將殯葬服務業者的業務範圍、以及對所有人的殯葬行為管理都納入了規範之中；此外也因應時代潮流影響下的環境保護，台

灣開放了多元的葬法，政府提倡火化入塔和其他如植存、海葬、灑葬等環保葬，讓土地利用更加節省，也讓消費者有更多的選擇空間。當殯葬業者或是一般民眾違反了條例中的法規會有所處罰，不過除了懲罰之外，政府也設有相關的輔導機制來教育殯葬業者及民眾。

民國一〇〇年十二月十四日政府三讀通過「殯葬管理條例」修正案，民國一〇一年一月十一日正式頒布，新法中強化生前契約規範，以及針對禮儀師證照、宗教團體附設殯葬設施等等部分提出明確規範，這些條例法則中的細節正是以能夠達成總則中提到的立法目的所做出的設定：為了促進殯葬設施符合環保並永續經營；殯葬服務業創新升級，提供優質服務；殯葬行為切合現代需求，兼顧個人尊嚴及公眾利益，以提升國民生活品質。

政府、產業、消費者三贏的政令：殯葬評鑑

「殯葬管理條例」修正新法中的第四章殯葬服務業之管理及輔導中第58條：直轄市、縣（市）主管機關對殯葬服務業應定期實施評鑑，經評鑑成績優良者，應予獎勵。前項評鑑及獎勵之自治法規，由直轄市、縣（市）主管機關定之。

這項條文的實施是殯葬產業轉型成服務業之後應運而成的，市場經濟雖然是自由的，但是一個國家的政府仍須適度

地介入以確保消費者的權益能有所保障，另一方面也是在提醒業者維持自身良好的經營、服務品質，保有競爭力。

根據法條所述，殯葬服務業者的定期評鑑及獎勵是由縣市主管機關決策定案，這是由於台灣雖小，但各地區的殯葬風俗仍有些微差距，那麼在評鑑內容上便會有所不同，評鑑規則自然也無法完全一致，但是在評鑑的整體方向上仍是有一定的規則。

以台北市為例，在民國九十三年時發布了「台北市殯葬設施及殯葬服務業查核評鑑及獎勵辦法」，至今已施辦六年，民國九十九年度的殯葬服務業查核評鑑總共分成六個部分：一、組織管理，占15分；二、專業服務，占30分；三、建築物及設施設備，占20分；四、權益保障，占15分；改進

台北市殯葬評鑑簡報，展現專業水準

及創新措施，占20分；六、扣分，一次扣2至5分。將這六個部分的分數加總後得出的成績評出等第，待評鑑結果公布後，若是沒有獲得優等的業者，可於結果公布後二星期內申請複評。

這項評鑑最主要的功用就是行使政府單位的公權力，以公平公正的態度評選出值得消費者信任的殯葬服務業者，結果公告在各縣市政府網站中，讓消費者有選擇的依據。

評鑑總共五個部分，每一部分還細分出明確的評鑑內容，在第一部分組織管理中，首先要評定的是公司的財務報表，一家公司的財務狀況會影響到公司的營運，若是財務狀況有問題，那麼公司所銷售的生前契約就可能無法履約，造成消費者的權益受損。

再來必須提供公司員工工作說明書，這份說明書中包含了公司組織部門之分工及人力配置，還有公司的考核獎懲、申訴制度，這些都須具備才算得上是一間體制完備、能夠順利運作的公司。

除了關心公司體制是否完備，也重視公司員工權益是否有被保障，最基本的社會保險（勞保、健保）是公司必須替員工辦理的。

而一家公司能夠營業的證明文件也要張貼在公司服務處的明顯處，如各縣市主管機關許可設立的證明以及已加入各縣市葬儀商業同業公會的會員證，以此證明公司的合法性。

組織管理中還有必須注意的是，一家公司有沒有設法降低治喪成本，以及實行提升服務品質的措施，與協力廠商合作情形也列入評鑑重點。

以萬安生命為例，備有會計師查核認可的財務報表以及員工工作說明書，保障員工的社會保險證明和公司合法的證明資料都齊全。在降低治喪成本上則是因為推動環保葬法有成，協助家屬降低治喪成本；也研發出可重複使用的天堂模組、在殯葬式場中設置高級音響，顧客可全場免費使用具舞台效果的燈光和音響；在治喪期間一天至少一通主動關懷的電話，這些做法都是提升服務品質的具體表現。

第二部分是專業服務的評鑑，分數占了30分，是六個部分中比分最高的，這也顯示出殯葬業已成功轉型為殯葬服務業，所以在評鑑一家生命禮儀公司是否優秀時，服務的專業程度就成了很重要的一環。好的生命禮儀公司該提供顧客什麼樣的專業服務呢？

首先，要讓顧客感到安心，安心的基礎在於顧客能清楚掌握自己的消費額度，所以評鑑中的第一項，就在評估殯葬業者有沒有將商品或服務項目、價金或收費標準展示於營業處所明顯處，並備置收費標準表供顧客查閱；顧客能確切知道殯葬費用，才能估算殯葬的預算，讓總體費用不至於超過自身的能力範圍。

第二項評鑑內容細則是有無訂定合宜之殯葬作業流程，並提供客戶服務手冊。理由和第一項相同，顧客付出金錢得到服務，若是能更詳盡得知瞭解服務項目的內容為何，心裡

貼於明顯處的價目表

會更加踏實。

第三項評鑑專業服務的內容回到了服務人員的身上，一家專業的生命禮儀公司的服務團隊必須具備專業服務的特質：如員工是否穿著制服及配戴公司證件。這是專業服務中最基本的一項，穿著制服不但可以表現出員工對公司引以為榮的凝聚力，消費者也會因此肯定服務人員是認真嚴肅地在為之服務的。

第四項更是一家好的生命禮儀公司不可或缺的——聘任專業人員服務（取得證照資格人員）；既稱之為殯葬服務業，提供物料和協助辦喪的人員，那麼人員的服務技能就不得馬虎，殯葬禮儀是一門專業的服務技能，消費者會希望由得到國家考試認證的禮儀服務人員來為之服務。

多數的專業技能在台灣都已證照化，例如廚師須修習專業課程，學成後進入業界實作訓練，按照實力考取證照，取得不同等級的資格證明。相較於廚師，禮儀師的證照制度起步相對較晚，這是由於在台灣一項技能可以被肯定是一門專業，必須具備有學制內的專業課程，而殯葬業者雖然有豐富的實作技能，可是沒有書面理論做為技能的知識奠基，讓多數不瞭解的人無法信任其專業性，普羅大眾覺得禮儀服務人員從事的工作只需要花點時間練習即可勝任，這種想法低估了殯葬工作的專業性。

禮儀服務人員的工作範圍之大，從臨終關懷在對家屬和病人心理上的照護開始就是一門學問，接著遺體接運在大體的處理上必須要有遺體學、傳染疾病處理的知識，設立靈堂和入殮都必須十分瞭解各宗教禮俗以配合亡者及家屬的信仰，在治喪期間的協調過程中，還有奠禮準備、家公奠禮、火化、返主除靈、晉塔安葬……從開始到喪禮結束後的後續關懷，隨時要注意禮儀的正確性，在執行繁複的殯儀過程中也要同時留意喪親者的心理和生理狀況，這必須具備心理照護、悲傷輔導和基本的生理問題處理知識；面對家屬會碰上關於除戶、財產分配等問題的相關知識也要有基本的瞭解，這些都屬於禮儀師專業服務的範疇。

複雜的工作內容，需要具備多元的知識才能順利協助喪親者完成喪禮及其後續工作，不是一般人認為的如過去刻板印象，以為禮儀服務人員只是付出勞力的工作而已。

不過因為在台灣，死亡被視為一種禁忌，多數人不願意去瞭解，整體社會風氣的影響之下，殯葬相關的科系始終難以拓展至各層級的學制中；但近年來因為殯葬業者的自覺以及社會風氣開放，已經愈來愈多人發現殯葬產業的改變，學界中亦有學者大力推廣在學制中設立殯葬相關科系，政府也在民國九十一年設立「殯葬管理條例」的新法，重視喪葬產業的發展與未來。

在產、官、學三方的合作之下，民國九十七年首次舉辦喪禮服務技術士的證照考試，不僅考學科筆試（各宗教的殯葬禮儀習俗均包含在內），還得考術科實作，內容包括限時內完成靈堂布置、遺體的洗穿化、撰寫訃聞等。考試通過者可拿到喪禮服務丙級技術士的證照。

要成為一名專業的禮儀師，必須通過行政院勞工委員會的「喪禮服務職類」技術士技能檢定，加上修畢殯葬專業學分及從事殯葬相關工作經歷等條件，才得核發禮儀師證書。

禮儀師的證照化有其必要性和未來性的，首先是業者透過證照可以提高人員的服務品質，也能保障消費者權益，政府方面則是方便其輔導與監督殯葬業者，這也符合國際發展潮流。

第五項評鑑內容檢測的部分來到殯葬的後續服務，一家優秀的生命禮儀公司不只是要在治喪過程中盡心盡力為家屬服務，直至喪禮完成，也不忘以「待客如親，視逝如生」的心態去關懷喪親顧客，建立客戶資料並且提供後續關懷，評鑑殯葬業者的專業服務有無落實後續關懷是其重點。萬安生命從和顧客接觸開始（接體）就完整記錄及建檔，協助家屬辦喪完成後會有電訪做百日、對年的關懷提醒，並且定期舉辦中元法會，也提供家屬臨終關懷、悲傷輔導及社會資源的轉介服務，為的就是幫助喪親者回歸正常的生活，淡化悲傷。

殯葬禮儀服務人員在服務技能上也要能跟得上時代，所以第六項專業服務的評鑑，正是要評檢生命禮儀公司有沒有做到幫助員工提升自我能力的責任；例如舉辦員工職前訓練和在職訓練。公司每一年都定期有中高階主管、基層員工不同職別的年度教育訓練計畫，根據專才開辦職業訓練課程，因為好的服務人員才是公司最重要的根本。

第三部分的評鑑是針對建築物及設施設備，由縣市政府的建管會來評斷建築物是否有依照用途符合使用分區管制的規定、建築物公共安全檢查簽證及申報辦理情形為何、防火避難設施有無符合規定、客戶與員工進出動線安全並無騎樓占用或違建之情形。

萬安生命不僅自設建築物合法，有防火證明，還引進了符合環保的綠建材及防火材料，為的就是要保障建物內的人身安全以及建物中為亡者暨靈所存放的亡者牌位、遺照等等用品。

評鑑時，由消防局來評定消防安全設備有沒有符合規定，除了建築物該具備的安全設施都必須齊全以外，也以建

，消防安全之火警受信系統及照明證設備

萬安生命台中分公司舒適優雅的環境

大方別緻的豎靈空間

築物的門面、騎樓、出入口、周邊環境等景觀美化情形為評鑑項目；營業場所商品陳設、環境布置與空間的美化情形；整體空間設計與運用有沒有符合人性化和生活化，以上所述，公司都遵照規則並且盡心盡力地提升服務品質和處所的安全設備。

第四部分的評鑑內容轉向消費者的權益保障，生命禮儀公司在提供商品或服務時須與消費者訂定書面契約，並且出具收費明細表及收費憑證（契約約定費用與收費憑證記載相符），這是注重信譽的生命禮儀公司必定會遵守的規則。一家優良的生命禮儀公司會顧及消費者的感受，有誠意地提供適當之消費爭議申訴管道及妥適處理消費者爭議案件，全部列入評鑑審查。

萬安生命從接體開始就以書面的方式留下憑證，服務完成後開立總額發票，全程保障消費者權益。也提供多元且暢通的申訴管道：來自服務據點口頭、信件或電話之投訴；0800專線申訴電話；或利用書信、電子郵件或電話；若是使用公司網站留言版，客服人員會主動關切消費者的意見。

如此用心的態度和表現是讓萬安生命的客戶滿意的重要關鍵，於是評鑑中關於客戶滿意調查結果及處理情形（回頭客比率情形）是相當的優異，並且公司內部也會針對滿意度上的反映進行瞭解，給予適度的獎懲。

評鑑內容不只是檢視殯葬業者現狀，也要關照殯葬業者

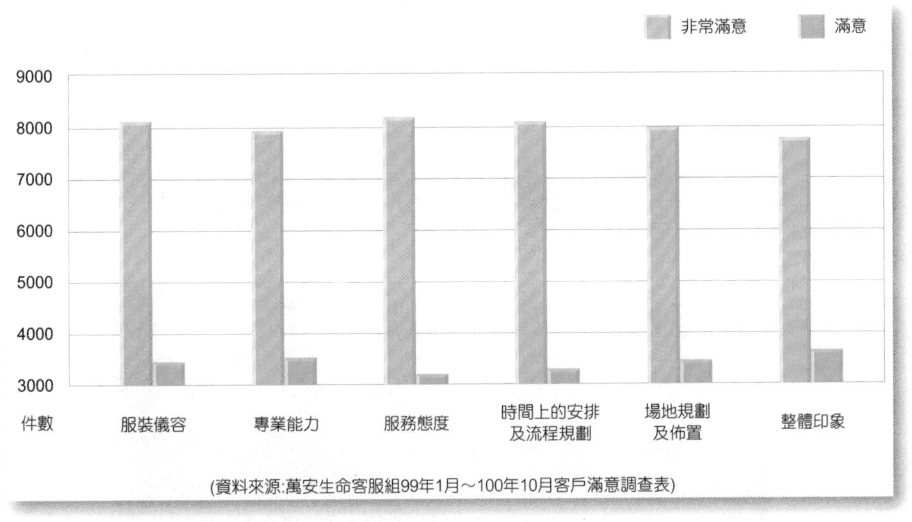

客戶滿意調查結果示意圖

是否有針對過去不良處做出改進，以及是否有創新措施來提升公司的服務能力。首先要檢視生命禮儀公司有無配合政府政令措施：如聯合奠祭、海葬、樹葬、灑葬等簡葬政策，及其他回饋社會之措施等。環保是世界未來的共同趨勢，所有的產業都必須考量，殯葬產業也應如此。

萬安生命依循政令推動降低治喪成本，98、99年度火化入塔者、簡葬者（植存、海葬等）都較往年為高。萬安生命也將營業所得的一部分用於回饋社會，贊助辦理課程、中元普渡祭典以及其他各類有益社會的活動。

創新是一家具前瞻性的生命禮儀公司會自行不斷要求的功課，萬安生命近幾年在研發創新上不斷地推陳出新，研發出更符合儀禮的商品以及服務項目；公司內部的體制以及行政作業系統也導向全面數位化。

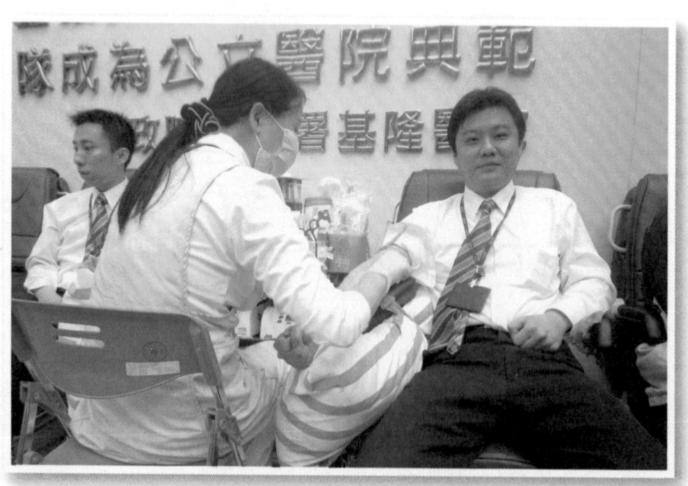

捐血暨音樂會募款活動

幸福二手商品義賣活動

評鑑根據這五個部分來評估一家生命禮儀公司一年來的努力成果，分成五個等第（優、甲、乙、丙、丁），優等是九十分以上，依次各退十分，丁等為不滿六十分者；得知評鑑結果後之次日起三個月內改善，並將改善情形回報核備，通過複查後才算評鑑完成，並且列入來年度的評鑑對象。

一般大眾因為平時沒有接觸殯葬事物，對於找尋一家良好優秀的禮儀服務公司可能毫無頭緒，縣市政府透過殯葬評鑑為民眾做了把關，這些資訊都在縣市政府網站中開放讓民眾參考，從中找出適合且值得信賴的生命禮儀公司為其服務，這項評鑑也讓禮儀公司在競爭的過程中不斷精進，讓產業的服務品質獲得全面提升。

萬安生命歷年評鑑皆獲得優良業者的肯定

研發的成效

- 研發的階段進程
- 萬安生命與橙果合作設計——療癒心靈的天堂式場
- 文創產業的延展——禮儀師的世界、命運化妝師
- 結合傳統文化的互動式創新研發

台灣的殯葬業界在民國九〇年代開始有了改變，改變是全面性的，呈現的外在形式和內在觀念都有變化，從人員的服裝儀容和殯葬設備到引進許多國外新知的潮流，不光是在物的方面有快速的改革，在人的方面，從管理者至服務人員，心態上也都和以往的樣子不同了，產業界的大型集團都在找尋未來殯葬行業可行的方向，並且加快腳步希望能領先群雄，也希望整體產業形象能夠提升，獲得社會肯定。

要做到讓人改觀甚至讚賞的程度，殯葬業者當然要比其他產業的業者更加地努力，想改變長久以來人們心中對於殯葬產業的認知的確困難，要把大家覺得恐怖、可怕、靈異、黑心、暴利等等，用於這個產業的負面字眼全部拿掉；換上親切、溫馨、尊重、專業、誠信等等正向意義的形容，絕對不是一件簡單的工程。俗語說知己知彼才能百戰百勝，要圓滿地完成一項任務，當然得先瞭解自己的優勢和缺陷在哪裡，才能進一步去思索該如何改善，這也就是所謂的「研發」。

「研究」透徹之後「設計」出改善方案，和創新的「開發」並行，這項工作就稱為「研發」。第一步行動是做研究——針對自己目前現有的部分，研究其優劣好壞，好的可以保留、不好的必須改進，做出一個全面性的評估；針對好的地方要維持和提升，不好的地方要補強，表現自己的特色；研究還包括找出有哪些是過去自己和同業所忽略的，或者都沒有思索到的部分，一樣搭配適合自身特色的設計，開發出與眾不同的新氣象。

研發的階段進程

研發的項目在實務上可以分成兩大類別，一是在物品上的改良創新，二是在服務人力上的加強。殯葬業者大刀闊斧，從「禮儀商品」與「服務人力」兩方面齊頭並進，在這些實務的操作上也分成了幾個階段。

一、整齊化——呈現有秩序的專業樣貌

研發的第一階段是整齊化，也就是規格化，殯葬業者瞭解到雜亂無章的殯葬用品及禮儀儀式，會讓消費者感覺無所適從，也容易對殯葬業者提出的建議產生不信任感。

於是殯葬業者將殯葬儀式以及禮儀用品的各項收費標

商品規格化是提升品質的重要基礎

準，一一標示清楚，也將儀式的意涵、做法和產品的用途，印製成清楚易懂的說明書，陳列於服務據點明顯處，供顧客查閱，儀式和用品統一整齊，有了說明書，讓民眾在選擇時有所憑據，一目了然。

在葬法方面，例如先前提過的墓地也統一規格，在墓地的大小、墓碑的方向等都做了規範，讓墓園在視覺上看起來整齊美觀。另外，先前也已提過殯葬業者於人力素質上的改變，人員儀表的統一制服，也一樣能夠呈現殯葬業者有秩序的專業樣貌。

以上屬於研發的第一個階段。

二、美觀化——以美麗結束的生命末端

第二個階段是美觀化。商品美觀化，把原有設計感不佳的商品以藝術的形式將它提升。例如墓園公園化中的墓碑，原先是陳舊過時的設計，和周邊新建設的景觀設計格格不入，為了使其風格統一，於是重新設計新的墓碑樣式，呈現出符合公園化的清爽感；另外還有一些殯儀用品也有改變，比如童男童女，過去的成品像是使人看了就心生恐懼的鬼娃娃，經過不斷地改良，一開始是先從臉型做變化，由原本比較容易剪裁的圓型到現在有角度的瓜子臉，服裝上則從傳統的男生的長袍馬褂、女生的羅裙旗袍，目前已經變成有如高級飯店人員的那種西服筆挺、端莊的樣子。

其他殯儀用品，比如招魂幡，過去上面的墨字是由民間

新款封釘組，呈現細膩精緻的質感

師父寫成的，沒有一定的寫法顯得紛雜，後來請設計師設計出一個固定的樣子，讓它可以在經過設計之後呈現符號的藝術之美，並且規格化。

上述這些都是禮儀公司和負責製造的供應商一起合作改進，禮儀公司所扮演的角色如同一個資源整合中心，這些資源包含人力和物料；禮儀公司也是一個管理者的角色，控管時間和品質。

殯葬禮儀服務人員的美化部分，則是除了服儀要求之外，還要再要求人員的素質，表裡必須一致，呈現親切大方的專業素質。

三、精緻化——聚焦細節，精雕細琢

第三階段是精緻化。在研發過程中以原有的物件去改良，以期達到好還要再更好的目標。以靈骨塔為例，塔位有許多需要注重的細節，譬如剛引進塔位時，塔位只是一格一格隔開來，塔位本來沒有門，可能碰上地震，骨灰罐就會摔落，之後改良成有門的形式，讓骨灰罐有了一層安全屏障，接著下一步是開始在門上做藝術性的設計與裝飾。

殯儀的部分也有很多精緻化的提升，比如靈堂。以前的靈堂很簡易，用幾片木板架層後，可以擺放遺照、牌位和祭品就算完成了，後來因宗教因素考量變成要有三寶架，供奉三寶佛。現在的豎靈台設計更加精緻化，遺照用燈箱形式呈現、原來的隔層木板改成高質感的實木桌，附有收拉式的抽屜，可擺放題名簿。空間上更加節省，這些設計都是在力求精緻化。

另外如蓮花被，過去不那麼講究繡工、配色，被子的布料也不是那麼良好，做出來的成品讓人無法和美感二字聯想在一起，現在使用的布料則是更輕盈、更好，縫製繡工細膩，配色莊嚴大方。

幾乎所有的殯喪禮儀物品都至少經過一次以上的精緻化過程，但是有許多禮儀公司或廠商只做到精緻化的程度就停滯不前，然而社會進步的腳步愈來愈快，只是精緻化已經無法滿足顧客的需求了。

現今骨灰罐的款式也走向多元化，用色鮮豔，造型多變

四、客製化——特色鮮明的個性化時代

接著則是開始第四階段——客製化，某些感受到時代變化脈動的生命禮儀公司，看出了現今的時代潮流已走向突顯個人特質為主，殯葬業者也要在殯葬用品和禮儀儀式上研發出符合個人特色的商品和流程。

客製化的本源也是建立在舊有的物品和儀式流程之上，只是這些商品和儀式流程會隨著每位顧客需求的不同而有所區隔，但原有的禮儀意義是一樣的，例如追思光碟，以前的做法是採「追思走廊」的方式，在一條長廊的兩旁牆壁張貼亡者值得紀念的照片、文章等等，讓與會的賓客能夠透過走過這條走廊，重新感受亡者的一生，喚起彼此之間的情感連結；現在因為進步的科技，客製化也與科技結合，將整場奠禮完整拍攝下來，燒錄成光碟，裡面還能收錄對亡者和生者皆具有意義或是重要的物件，發給與會來賓以及亡者親屬，

日本將骨灰製成人工石，作為懷念往生親人的紀念品

留作紀念，憑藉著光碟中的影片、照片等等，回憶緬懷亡者。

奠基於同樣意義之下，生命禮儀公司也依照顧客的意思，將禮儀儀式、物品樣式或流程加以延伸轉換，以達到顧客的需求。例如喪家給來弔唁者的回禮，普遍的情況是會贈送毛巾，回贈毛巾有其傳統的意義，過去因為鄰里或是遠道而來的親友都會在殯葬期間幫忙打點事物，勞心勞力地協助喪家，毛巾的用處是要讓他們拿來擦汗。

現今有些喪家在回贈禮上可能除了毛巾之外，還想要加

送別的，比方再加贈沐浴乳，而沐浴乳功能其實也是源於同樣的理由。

或是現在的喪家有些是選擇送艾草香皂，艾草的用意是取自避邪、淨身的意思，這個也是源於過去人們避煞的觀念，過去是送符讓來賓回家燒符水喝，如今喪家想要的是保留傳統避煞概念，但是又希望贈禮又更符合現代社會的需要，於是改贈艾草香皂，強調天然手工的香皂，不僅留住了傳統意義，也加入了新意，符合時下強調的自然環保風氣，在原有的設計上滿足家屬的個別需求，這就是客製化。

五、創新化——保留傳統、思考傳統、再創傳統

殯葬研發的第五階段是創新化。創新化仍然要憑藉著傳統殯葬中的意涵，例如殯葬的意義是希望喪親者能先盡哀再節哀，於是傳統殯葬過程是殮、殯、葬三部分；在保留傳統的基礎步驟後，開始思索還有什麼地方是沒有設想到或是被忽略掉的，現在的殯葬過程加入了前緣、後續兩個部分，能使整個盡哀和節哀的過程更加順利完整，不過這還不能算是創新化，因為這些已有許多殯葬業者在做了，萬安生命則在這其中還看出了其他業者沒有注意的細節。

一般業者所提出的「緣」可能較偏重於商業觀點，希望跟消費者有了一層關係後，未來可以成交一筆生意，所以在施行這些動作上，和傳統撫慰盡哀的意義少有結合，對於面臨失落的家庭而言這些活動沒有帶來正向的意義。

萬安生命看見了這個被遺漏的部分，因此推出了「流傳百世」族譜盒，用意是讓每個人在生前就規劃好自己想要留給後人的東西，如手掌模型，亡者的手掌模型留下來，可以讓喪親者有一個實際物體能夠碰觸藉以得到慰藉，不像骨灰在火化入塔後就什麼也碰不到了；又或者是生前的照片、光碟、珠寶、印章等等可以留給後世紀念的東西，也能夠放在流傳百世族譜盒裡面；還設計了家族圖譜，代表傳承的象徵。這項商品經過創新化的設計，把盡哀和節哀、前緣和後續的功用發揮得淋漓盡致。族譜盒並非殯葬過程中原有的物件，但這卻是一項對家屬有正面意義的紀念盒，透過創新化的過程賦予它一個新的意義。

死亡從古至今意義都是一樣的，死亡是一個失落事件，喪親者如何去調適失落的心情呢？殯葬過程就是一趟撫慰失落的路程，所以創新化應該是去探究傳統的意義為何，然後把傳統的意義找回來並加以發揚的動作。另一項足以代表殯葬創新化的就是「湯灌」儀式——禮體淨身的服務，它把舊有的意義給找回來，並且加入了現代服務品質的水準，賦予它新時代的意義。

現今已經來到研發的第五階段，也就是創新化的部分，在設計上要先回歸原始，考慮儀式流程有沒有意義、是不是正向的？有了禮的意義就要有相互搭配的儀式，思考儀式是否合情合理後，得要有禮器去執行，所以在研發商品時，上述三個步驟要想得十分清楚周全，先瞭解意義，接著思考如

何運作，再去想運用時需要什麼工具。

萬安生命與橙果合作設計——療癒心靈的天堂式場

萬安生命在民國九十八年推出了創新的天堂式場，這是一組可以自由重組的硬體設備，每一組、每一片都可以拆開組合，自由變換形狀，可以變成有概念的形象如山、海，也可以變化成其他想要的形狀，這是參考兒時玩積木的概念。

讓亡者可以以自己想要的方式道別，於是設計出能夠自由變化擺設的奠禮式場，也能讓喪親者在組合的過程中，整理回憶和情緒，想著過去的點滴，在過程中達到撫慰的效果。

不光是在形式上可以活動自如，天堂式場中的場板也有概念設計。天堂式場試圖排除宗教的因素，著重於天堂美好溫暖的概念上，當想到天堂時，腦中立刻浮現的會是什麼？在天上的天堂，就在雲的那一端。基於這個想法設計出有彎度，像是雲朵的形狀；當陽光從雲層撒落一束束的光線時，那種景象會讓人感覺彷彿看到天堂就在天上的那一邊，所以天堂式場也讓光線可以投射，設計出能夠發散一條一條的光線，製造出如天堂一般的美好氛圍。

天堂式場配合其概念設計，用色上以金色和白色搭配，營造天堂純潔、莊重而尊貴的形象。

萬安生命的天堂式場，是能夠自由變化擺設的奠禮式場

第二款誕式場也是「用你想要的方式·道別」的概念做設計，讓家屬可以參與組裝過程、自由設計，成為一種具有療癒性的式場，家屬用心為所愛之人做最後的付出，在參與的過程中，逐漸將哀傷的心情平靜下來。

誕式場又可稱作「花開見佛」，場板的形狀像蓮花瓣，可以組合出含苞待放的樣子，也能讓它變成綻放的模樣，因循不同的擺法而出現不同感覺的變化。

誕式場，以「花開見佛」的意象為設計理念

文創產業的延展——禮儀師的世界、命運化妝師

一、禮儀師的世界

民國一〇〇年六月，萬安生命推出了《禮儀師的世界》一書，內容講述一名男子從原先的外行到跨入殯葬領域後一路努力堅持，最終成為一位專業用心的禮儀師，故事說的是在這段過程中他所歷經的一切點點滴滴。

透過故事中不同的角色，忠實地呈現出許多人對於殯葬業的不同觀感，其中有主角家人對其從事殯葬業，由原先強烈反對，到後來看到主角認真工作以及這份工作所帶給人的溫暖和撫慰後，轉變為支持；也有原先不瞭解殯葬業的喪親

民國一〇〇年出版的《禮儀師的世界》，
透過小說的形式描述禮儀師的成長故事

者，在接觸過如小說中那樣親切專業的禮儀師之後，產生對殯葬業的好感以及對其從業人員的尊重和敬意。

細部情節的描寫，讓讀者能夠更清楚地知道禮儀師的工作內容和性質，以及每一位禮儀服務人員服務時的用心態度和縝密思量，小說中提及的禮儀服務人員技能提升的相關訊息，也讓讀者曉得殯葬從業人員是需要高度專業知識才能夠勝任的，更重要的是此書讓讀者瞭解，殯葬禮儀服務人員在勞累辛苦的付出背後，秉持的是一種「待客如親，視逝如

生」的服務精神，致力使人感受到溫暖和安慰。

萬安生命首度以說故事的方式將殯葬從業人員的工作詳實地介紹給社會大眾的先行者，率先將殯葬產業結合文創，跨越產業的合作，開創出一番新意，讓民眾在不同的媒介中認識殯葬業，也因為透過紙本，能有更多不同年齡層的人可以來接觸、瞭解殯葬業，對殯葬產業認識的範圍更廣、更全面。

二、命運化妝師

另一項和電影製作公司合作的作品《命運化妝師》，於民國一〇〇年六月上映，描述一位女性禮儀化妝師，在工作時碰上了過去曾是戀人的高中女老師，不過再次相見的老師已經自殺身亡，成為一具要讓化妝師妝點遺容的大體；兩人過去曾經相戀，面對老師後來結婚的先生，生者與亡者之間彼此的愛恨情慾，交織成一個懸疑且令人傷感的故事。

電影中穿插許多殯葬從業人員平時的工作內容，包括至死亡現場處理遺體、布置奠禮會場、和喪親者協調溝通以及女主角的職務——為亡者妝扮容顏。民眾進場觀影時，除了沉浸在電影帶來的視聽享受，以及接受高潮跌宕的劇情震撼之外，還能從電影中瞭解什麼是殯葬，以及從事殯葬行業者的工作內容。

像是電影中女主角身為大體化妝師，她用針線為大體修補面容，為亡者壓模做出蠟質手指，縫回完整手掌模樣，動作仔細且溫柔，試圖恢復亡者生前的容貌，讓亡者回到生者心目中最美的樣子，以此撫慰生者，使之能好好地與亡者道別，盡力讓生者不留任何遺憾。

透過這樣育教於樂的方式，既不顯突兀，又能自然地讓觀眾接收到相關的訊息，慢慢地使大眾從中接觸到死亡以及死後的大小事情，經由電影畫面的傳達也更瞭解台灣的殯葬產業。《命運化妝師》試圖向社會大眾傳遞死亡並不可怕，而是每個人都會經歷的過程，並且告訴大眾殯葬禮儀在過程中是扮演著什麼樣的角色。

結合傳統文化的互動式創新研發

民國一〇〇年，萬安生命再度用心地設計了許多創新的殯葬用品，例如「人生典籍」火化棺，外觀設計是以「書籍」的造型做呈現，象徵人的一生就像一部經典，獨特且精彩非凡，匯集亡者一生的故事，生者在準備的過程中也因此回憶著和亡者之間的過往，將對其思念和祝福一同裝進這只棺木中，讓亡者帶著生者的祝福啟程遠行。

棺木側面設置了一個「天堂門牌地址」，象徵亡者在另一個世界的「家」，生者的思念因此有了落腳處；棺木的側邊設計了溝槽，可以裝飾照片、卡片或是鮮花，生者藉此能為所愛之人布置一座美好的家園，溝槽的竹節型設計還代表了亡者對生者以及後代子孫的庇佑，含有希望其步步高陞之

意；棺木面版有三款風格圖案以供選擇，家屬還可以親自在棺面上頭寫一些話或是畫圖，也可以印製亡者的人像，獻上最深的祝福。這項創新的概念讓棺木呈顯不同以往的故事性風格，更具備互動性的功能，有別於傳統棺木冰冷的觀感，人生典籍火化棺溫馨時尚的設計，使人對於棺木不再感到畏懼。

另外，壽衣類的創新商品「風格羽衣」，材質為純天然蠶絲，羽衣肩處特別設計一對翅膀，大殮蓋棺時，藉由禮儀師引導家屬抽出羽衣的羽翼，覆蓋亡者，象徵羽化登仙，也讓家屬再多一次對亡者祝福與道別的機會。羽衣內裡分別有蓮花與經文圖案兩款，具備蓮花被及陀羅尼經被的祝福功能。

萬安生命研發的新款商品，展現了「藝」、「體」、「型」的設計風格。「藝」即以文化故事為設計元素；「體」為著重互動式的結構設計；「型」則是以現代風格來設計外觀造型。

人類的歷史上很早就開始了殯葬儀式，殯葬的意義流傳已久，至今卻有很多的喪禮內在意義在時代的變遷之下，產生偏差或是被忽略捨棄了；喪禮本身有教化傳承的意味，而這一點在台灣過去的喪禮中，卻不被強調甚至被遺忘，少有人去探詢喪家在殯葬流程中，所進行的儀式有什麼樣的意義，又該如何稱職地盡到本分的責任。

透過創新研發讓消費者清楚這些傳統的意義，將傳統的文化故事做為設計的核心基礎，為的就是要重新表現這些文化，並且以藝術之美來做提升，不只使其內在意義深存，造型上也要讓人滿意，形塑一種全新的風格品味，帶領潮流。

這些創新化商品和儀式是經過多番討論後才終於出現的成果，當殯葬商品儀式精緻化後，因顧客的客製化需求不斷地改良，最後回歸原始，在傳統中追溯意義、在基礎上開展新的意義，彼此激盪火花，照亮殯葬業未來的發展前景，有心永續經營的生命禮儀公司，都會願意投入大量的經費和人力資源；儘管研發創新費時又費力，但最後呈現出來的成果卻是可以讓一家用心的生命禮儀公司，將其不同於他人的特色展現出來，民國一〇〇年，萬安生命以一系列創新的商品，詮釋獨特品味，成功建立起品牌形象。

最重要的是，這全是憑著一顆「以客為親」的心，「撫慰療癒」為理念的創新研發，未來也將以此為出發點持續地努力。

「流傳百世」族譜盒外觀

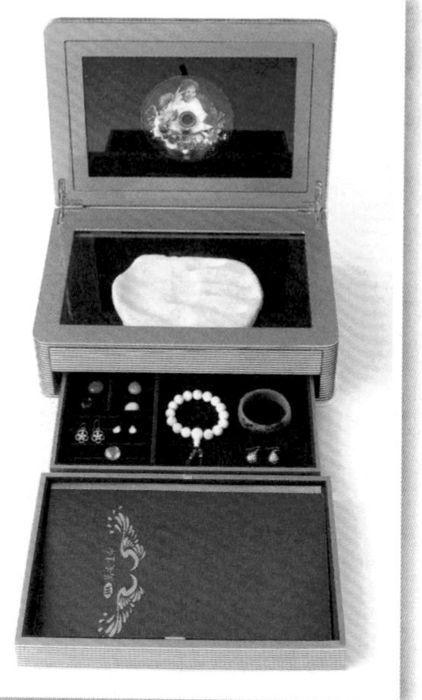

「流傳百世」族譜盒內部

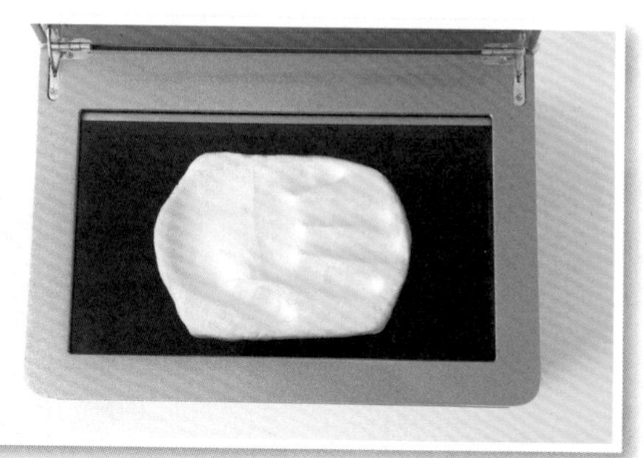

「流傳百世」族譜盒供人留念的手模

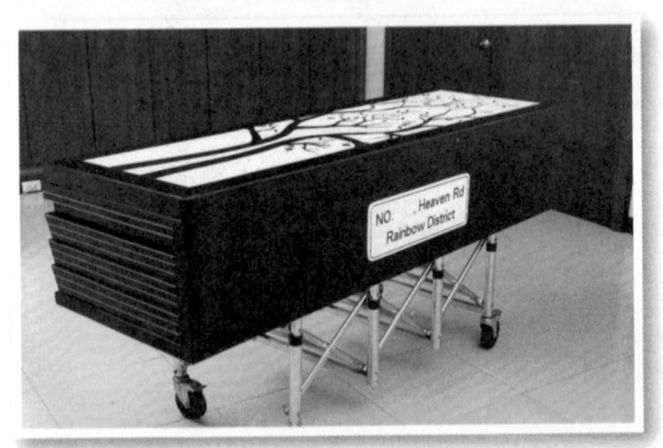

「人生典籍」棺木，棺木上標記天堂地址，讓思念有去處

「人生典籍」棺木上可繪製喜愛的圖案

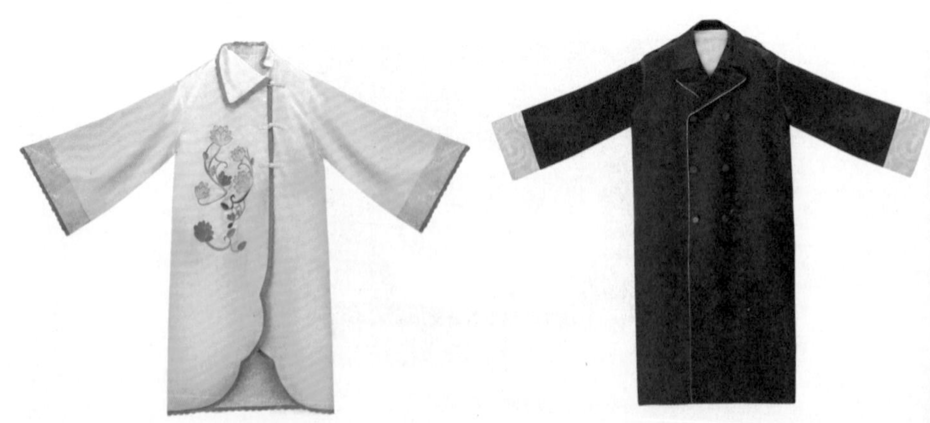

「風格羽衣」圖片，左為女性款式，右為男款

企業化經營與廣告宣傳的影響

- 殯葬業企業化經營開端
- 企業化經營的轉型過程
- 廣告行銷
- 管理者的經營理念

在過去，殯葬業經常受到歧視的眼光，或被認為是低下粗俗的工作，也因其特殊的工作性質，許多人無法接受覺得害怕，因此從事這一行的人大多數都是自小就耳濡目染，或是家中從事殯葬行業的人，這也就導致台灣的殯葬業者大部分都是家族事業的傳承者。

殯葬業企業化經營開端

一、過去家族式經營的殯葬業

現在台灣仍然存在著家族式經營的殯葬業者，只是數目愈來愈少了。家族式的經營業者通常是小型的葬儀社，人手不多，可能只有二至三個人，卻必須包辦亡者所有身後事該處理的項目，十分繁雜，而以往台灣傳統殯葬業者大多數均以這種形式在經營。

過去台灣的殯葬事務，因葬儀社只能以極少的人力去處理所有的禮儀流程，在人力吃緊而治喪時間又長的情況下，容易導致服務品質低落；也由於人力太少的緣故，難以將繁複的殯葬儀節的每項步驟都做到專業的分工合作，對於家屬悲傷難過的情緒也沒有時間去關心撫慰，龐大的工作量使得葬儀從業人士表現出來的態度常是面無表情、少言冷語，或是在處理事情時，不夠仔細，甚至給人敷衍了事的感受。

上述的狀況造成了殯葬業者的服務品質不佳，給予家屬

不良的印象，對於殯葬產業的整體形象也是一種傷害，服務沒辦法精細分工，使人才各有專精，可以盡善盡美地完成家屬的需求，這正是過去以家族式經營的殯葬業者面臨的最大難處——難以提升服務品質，建立專業良好的形象。

二、家族式殯葬業轉型的契機

本書前面幾章已有提到台灣殯葬轉型的原因，乃是由於台灣經濟起飛和都市化帶來了巨大的影響。第一，經濟成長讓農業社會轉變為工商業社會，這個轉變是由許多的因素共同產生影響的，例如在政治上，政府推動了許多大型公共建設，使得就業機會大增，人們密集地群居生活，因應這樣的生活方式產生了許多服務業者，使得台灣轉型成為以工商服務業為主的社會。

第二，經濟成長形成了都市化，人們往都市聚居找尋工作機會，城市人口密集，鄉村人口外移，人們居住形態改變，雖然住得更近，但卻不像以前的鄉里間關係密切良好，以往鄰人之間會幫忙殯葬事宜，但都市化的城市卻少了這股人情味，導致葬儀社有機會如雨後春筍般地冒出。

社會快速地改變，另一部分是因為政治上有了鬆綁，而後開始帶進許多國外的新觀念，比如國外的經濟成長模式影響了台灣許多中小型起家的企業主，學習新的經營管理概念，並加以運用，殯葬業相較於許多其他的行業起步雖晚，但是也在民國八〇年代至九〇年代間，開始紛紛轉型。

三、葬儀社搖身一變成為生命禮儀公司

萬安生命也在這樣的時代潮流之下，發現殯葬產業是非常具有前瞻性和發展性的產業，但是要走出和別人不一樣的路，得要有洞察先機的敏銳度和把握住機會的果決力，這兩者都在董事長吳珅篁的身上看到了。

萬安生命從民國八〇年開始在醫院太平間服務，這段期間一直都維持著過去葬儀社的經營模式，也因為人力因素，一次只能負責單一案件，始終沒有辦法把經營範圍擴大。直到吳珅篁董事長的母親過世後，由於醫院太平間的冰冷陰森和環境設備老舊，讓吳珅篁董事長下定決心改革醫院太平間。

透過旁人推薦，得到王永慶先生的信任和肯定，萬安生命因而進駐了長庚醫院體系的林口分院。

王永慶先生也瞭解在歿的這一端需要有所改變，以往的觀念認為醫院的主要職責是在救人，所以對於太平間較不重視，太平間常設立在垃圾場旁邊或是地下室等，較遠離人群的地方，但當時的王永慶先生也具備前瞻性的眼光，他瞭解在歿的這一端需要被重視，所以他希望找一家可以信任與託付的生命禮儀公司，一起來推動革新，這正好和萬安生命的想法不謀而合。

得到了認同，吳珅篁董事長便在茫茫未知結果的當下，秉持著奉獻的精神，只為了不再讓其他家屬也經歷自己感受

過的、令人難受的一切，毅然決然投入了大量資金與人力，打造出了比擬五星級飯店規格的往生室。

此舉也成功地讓喪親者都一致肯定，這項革新讓愈來愈多的喪親者想要找萬安生命來為他們服務，市場需求因此增加，開啟轉型成為連鎖企業的契機。

企業化經營的轉型過程

實務方面的案件數量不斷增加的情況下，自然會需要更多的人力來支撐應付，當一家公司有了愈來愈多的員工，那麼經營管理的問題就會跟著出現了。先前提過人才是一間公司的根基，唯有根基穩固了企業才有辦法茁壯成長，上位者該如何去帶動底下的員工，才能使全體人員向心力一致，擁有共同的目標，願意為公司效力一同成長，這是企業首要應該思考的問題。

萬安生命從一開始員工只有個位數，到現在已經是擁有四、五百人之多的大型企業，其中經營管理的秘訣就在於上位者心態和觀念的調整。

一、以思想立基的企業文化

公司上位者的思想觀念是一個企業的核心，從這個核心發散出去的力量將會影響一家企業的經營走向和管理制度。

萬安生命在邁入轉型成企業化的一開始，就替自身定調，將生命禮儀服務業視為是「黃金產業、一生事業、終生志業」，這十二個字一直是全體人員奉行不移的信念。

殯葬業是一種黃金產業，相信許多人都能夠理解，一般殯葬禮俗本來就有其固定的規矩模式，通常一個案件辦下來就有一定的獲利比率。

以前的殯葬業是以價制量，現在則轉變成以量制價，這是由於在資訊價格透明化、還有禮俗儀式逐漸簡化的影響下，辦好一個案件已經無法再像過往那樣，因為舉辦的儀式複雜繁多而從中獲得豐厚的利潤。現在的殯葬禮儀服務若要獲取利潤就必須以量制價；所以如果能夠統籌規劃使之制式化、規格化、統一化，達成量化生產的目標，就能夠控制成本提高競爭力。

定調為一生事業，是因為這個產業無論在什麼時間點投入，它都可以經營一輩子，有人就有殯葬業，自古即存，而未來的十年、一百年也都會一直存在著，只是殯葬禮儀的內容有所變化、經營模式不同，這個產業並不會因為不景氣而消失，和其他的產業相同，也必須面對同業的激烈競爭。

假如只是將殯葬工作看作一種事業，那麼很容易就會心生厭倦，因為這個產業工作接觸到的大多是比較哀傷的情況，那麼從業人員或多或少會被感染影響，所以許多從業人員的情緒和人生觀都會比較容易陷入這樣負面的情境，但是如果將殯葬服務當成終生的志業來看待，心態有了不同轉

變，行動上也會跟著有所改變。

這就好像在醫院幫忙的志工們，他們做的事情沒有對價關係，但他們還是樂在其中，服務了許多人，殯葬從業人員的心要和他們一樣，樂於奉獻、服務家屬，這樣才不會容易感到疲乏，更何況禮儀服務人員是有報酬的，像這樣子如同志工投身公益的行列，又同時可以得到支持生活的報償，這是殯葬從業人員最有價值的工作成就。

上位者抱持著「黃金產業、一生事業、終生志業」的定調，運用內部人員的教育訓練課程以及平時以身作則的態度，使得底下的員工們能夠有足夠的凝聚力，也和上位者一起成長，使企業能夠永續發展。

二、企業化的做法進程

從思想核心開始發展，在實際經營管理層面上也必須開始改變。

(一)管理分門別類

首先從人力上的管理著手，為了讓人才發揮最大的效益，人才各司其職是必然的結果。

部門依照術業專精來分配，不論是身處第一線的禮儀服務人員，如禮儀師；還是鎮守公司的後勤單位，如研發人員、行銷企劃人員或是財務人員，都清楚知道自己在公司的立足之地為何，能夠有其歸屬感。

再者從董事長、總經理、副總經理、經理、處長一直到基層禮儀人員，每個職務位階都劃分清楚，工作內容也就能照著這個層級去分配進行，讓每個人知道自己的工作職掌，不會僭越其職也不會浪費多餘的氣力。

清晰明白的管理制度讓整體效益提高，每位員工都能專心致志去完成自己分內的工作，所呈現出來的服務品質和整體工作氣氛也就跟著提升了。

(二)數位e化的普及

萬安生命早期的人工管理都是以紙張作業，沒有數位化（也就是e化），任何的開會紀錄、預訂或是行政命令上的傳達全都是用書面行文的方式傳遞，可是殯葬工作其實步調不慢，要做的工作也很繁瑣，若是跟各層的主管都是以口頭或是行文方式來溝通，在時間被切割的情況下效率也容易變得非常差，透過數位e化可以改善這個問題。

數位化成為全體的共識，開始建構全面e化，如公告、教育訓練、工作日誌、報表等等，但是剛開始的時候眾人都很不習慣，施行至今已經是全面地執行，建立全省管理的網絡機制，這是萬安生命導入系統化跟經營管理企業化的一個很重要的指標。

因為如此能快速地成長、能和社會接軌，因為數位化之後，國際間所有相關的產業都可以迅速流通，這也讓公司的員工對於產業的視野大幅提升，刺激員工自主學習的意願。

數位化產生了兩個重點，第一是提升效率，效率好速度才會快，第二是提升效益，減少事情所花費的時間成本，才能達到更好的效益。

公司在這一方面投入了巨額資金來做提升，可是其實經營一家企業，最貴的成本不在於人事薪資的成本開銷，或是軟硬體設備的花費金額，最大的成本是「時間」；時間才是企業最大的成本。時間能縮得愈短、決策愈快，資源就能愈快運轉，產能相對就愈多。如果管理不了時間，成本就加重了，成本加重，競爭力就薄弱了。

三、齊心一致、溫暖重情的企業特色

萬安生命的決策機制給予員工非常大的彈性及空間，讓公司中層主管的心聲得以被聽見，統整後再由高階主管和董事會一同開會做出最終決策，而不只是董事會少數人的獨裁決定。

如果這個決策董事長同意了，可是其他同仁仍覺得有疑慮，那麼上位者會以尊重的態度、聆聽協調的行動來面對；一個決策的提出若是不通過，不是就不用了，而是會請提案人重新蒐集資料情報，然後報告第二次提案，再讓所有的決策人去評估。

所有的決策都必須從經理級以上主管、總經理到董事長都一起拍板同意才行。從公司成立的一開始直到現在都一直維持這樣子的決策模式，即便決策者愈來愈多還是一樣。

這是因為萬安生命認為經過多數人討論的意見，才能讓人服從，做出決策後，公司所有的人一起配合，目標一致，就是為了要讓公司變得更好，向上提升，團結了眾人的力量，當然可以發揮最強大的實力，達到目標。

因此萬安生命非常具有凝聚力，再加上員工都是用「搏感情」的方式在為殯葬產業付出，過去由於手足、朋友、同學的關係，即使背景不夠顯赫，但大家仍非常努力堅守在工作崗位上，支持公司的政策，願意一起努力做出成績與口碑，這才有了現在的規模和口碑。

把「重情」的觀念、願意從無到有地去付出的態度，教育每一位員工，因此企業規模雖大卻是一點也不冷硬，反而充滿了人情味。

廣告行銷

以往殯葬業因為工作性質特殊，大部分的人都不願意去接觸，平時生活中也不常提及死亡相關的話題，在這樣的情形之下，大多產業採取以傳播方式宣傳知名度的廣告行銷，是和殯葬業沾不上任何一點邊的。

直到八〇年代以後民風漸開，才開始有了以宣傳品牌為主的殯葬行銷出現，大多是以平面或特定的刊物為主，戶外看板次之，不過這些行銷都侷限在殯儀館附近，或在生命禮儀公司附近。

到了九〇年代，已經有愈來愈多的人能夠接受死亡議題了，但以廣告來行銷殯葬業，這方面的腳步仍然只前進一些，主要的方式是透過電視廣告行銷生前契約，希望大家做生前規劃，針對殯儀方面的廣告行銷則尚未推出。

一、冰淇淋廣告帶出生命議題

民國九十六年萬安生命推出了一支前所未見的形象廣告。內容是一位女士和一支冰淇淋之間交織而成的生命故事，講述了人生無法事事如願總有遺憾的概念。

廣告當中的冰淇淋是一個媒介，其實在廣告尚未開拍的最初，企劃團隊構思了很多元素，但最後選擇了冰淇淋，是因為這支廣告講的是「遺憾」。廣告裡的女主角，從小時候的第一支冰淇淋沒吃到開始，一直到她長大老去在醫院過世，人生中的很多時刻雖然皆有冰淇淋的相伴，卻仍然有很多願望沒辦法達成，因為人生終難圓滿。

萬安生命推出這個廣告，希望讓大眾知道人生並不圓滿，卻可以「用你想要的方式．道別」，在人生的最後一程，為自己盡最後一份努力，也為生者留下一段無憾的回憶。

廣告的目的是希望能給消費大眾有記憶點，以生離死別的故事性廣告，勾起人們心中相關聯的情感讓人有所感觸，在記住這支廣告的同時會跟著記得這支廣告所要傳達的「用你想要的方式．道別」的概念。這支廣告的確深受喜愛，在

「用你想要的方式・道別」榮獲年度十大廣告金句獎

首映記者會時，萬安生命特別將現場營造成追思告別會的氣氛，搭配燈光、環境布置，播映完畢的當下有很多記者都被觸動，更有人落下了淚，首映的記者會相當成功。

二、成功背後的諸多考量

(一)彰顯特色、突破創新

萬安生命最大的特色就是「殯儀」，良好的殯葬禮儀服務以及設備是萬安生命一直以來的長處，可是如果拍的是禮儀用品，那麼試圖宣傳殯葬產業的廣告效用恐怕會降低，所以在規劃廣告企劃的起初，思考過許多方向、經過很多次的提案，最後才誕生了這支以真實故事為背景的冰淇淋廣告。

(二)廣告與企業的關聯度

廣告將萬安生命於醫院服務據點的特色和民眾的認知建立起關聯性，因為廣告中的阿嬤最後沒有走出醫院，正是提醒消費者萬安生命的服務據點在醫院，消費者透過廣告，已經可以知道萬安生命的品牌，知道「冰淇淋」這個媒介所代表的意涵。

(三)代言人的決定

關於廣告的代言人選也經過多次的討論，萬安生命的形象廣告會選擇楊烈，其一，是由於他本身經歷過癌症的療程，成功抗癌之後，對於生命有不同的見解；其二，他是本土的藝人，而萬安生命屬於本土產業，所以楊烈非常適合當萬安生命的代言人。

其實各種產業的行銷規則都大同小異，只是運用的模式與效率不同，因為自己最瞭解自己身處的產業有哪些資源可用。每種產業行銷的方式大抵相同，如何和同業競爭能脫穎而出，這才是重點。

三、廣告希望達成的目標

首要目標是要提升品牌的知名度，所以在打出廣告之前，就要先去瞭解消費者對於自身品牌的瞭解程度為何，以萬安生命為例，民國九十六年以前未上廣告影片，若是詢問消費者想到殯葬產業首先會想到的是哪一家業者，過去就算在調查時給予提示，可能知道萬安生命的人還是不多，在這種情形之下，廣告行銷該怎麼做才能提升知名度呢？第一是知道消費者要的是什麼，第二是這個產業給消費者的內容能夠是什麼，將兩者妥善結合，便能夠達到提升知名度的目的了，而這些在萬安生命的冰淇淋廣告中都具備了。

萬安生命也透過其他的行銷策略來宣傳，比如網路的話題行銷。發散話題讓消費者在網路上討論，萬安生命到底是一家什麼樣的公司？冰淇淋又是什麼？經由這些不同媒介來拓展知名度，也先預設各種媒體之運用，剪輯成九組不同的影片版本，以因應不同需求狀況使用。

打了廣告之後就要開始做統計，如此才能瞭解市場狀況，消費者現在的記憶點在哪裡，以此再做修正。民國九十六年推出廣告後，萬安生命的知名度快速提升，成功塑造殯儀服務的專業品牌形象，亦扭轉國人對殯葬產業的刻板

印象。

四、廣告看出企業新視野

廣告的功能除了打響品牌的知名度，另一個功能是傳達訊息，一個企業可以透過廣告行銷告訴消費者某些重要的訊息，而這個訊息有利於品牌的宣揚或是建立新形象，萬安生命新一波廣告的推出，內容正是要向消費者宣揚殯儀服務的新概念。

距離第一支廣告已經事隔一段時日，品牌印象須不斷被記憶，新的廣告能引人注目也得有所突破，於是萬安生命選擇了其他同業沒有做過廣告的部分，雖然也有很多人期待冰淇淋廣告的續集，但萬安生命試圖讓大家有耳目一新的感覺，可以讓消費者對於萬安生命產生另一種看法。

新的廣告要告訴消費者的是一種正向的生命教育觀。部分同業在現今的廣告中還在提奠禮的式場（也就是物的部分），但萬安生命已經站穩殯儀服務第一品牌的地位。

雖然有其他同業也想加入殯儀的市場，可是對他們而言，要追上萬安生命的腳步須更加努力，不過進程是樂觀的，因為其他同業大多有銷售生前契約，在殯儀流程中有了前端的支持，要銜接殯儀的服務其實是可行的；當然這也必須要禮儀人員都妥當就位，才能使消費者感受到誠意，有了這些基礎，會比以前萬安生命從零開始經營的時間還要來得短，多元分工、多元支援，讓更多業者得以快速成長茁壯，共同深耕殯葬產業。

既然已經有同業想跨足殯葬禮儀服務這一部分，那麼萬安生命民國九十九年年底推出的新廣告就決定要跳脫出來，把視野拉到更高的位置——廣告訴說的是一個正向的生命態度。

量身定制「你的祝福，他的願望」

在為亡者服務的同時，萬安生命也非常重視生者的感受，人終究一死，可是亡者身旁還有許多摯愛的親友，這些喪親者也需要被照顧，所以新廣告中要很清楚地讓他們知道如何去面對死亡。這支廣告中不再特別強調服務的本質，或是式場設計可以多麼地感人，重點是要讓消費者能夠去認識生死真正的意義——「亡者安息、生者安心」。

這是一個更高的高度，也是心靈層面的層次，這和後續關懷相互連結。當所愛之人走了之後，活著的人應該是抱持著正向的態度過生活，廣告內容帶有故事性但並不催淚，這是為了強調死亡正向的一面，面對死亡不一定要哭哭啼啼，而可以是一種祝福、一個安心。

這是目前其他的殯葬業者都還沒嘗試過的，打出這樣的一支廣告就是希望能幫助消費者建立起對死亡的正向心態，那麼當消費者面對生命態度時就能聯想到萬安生命。

如果今天萬安生命推出的是冰淇淋廣告的續集，那麼仍是在殯儀形式的圈圈裡轉，萬安生命是殯儀服務領域的標

竿，應該要比其他同業看得更遠、眼界更廣，新廣告中提出的積極生命態度，可以說囊括了全面性的服務範圍，讓所有消費者一想到有關於生死的事情，第一時間就能想到萬安生命。

廣告中敘述爺爺過世，所有的親友都帶著祝福的心情完成爺爺生前未了的心願，這正是後續關懷及悲傷輔導的功用，要讓生者從悲傷中走出來，面對人生，瞭解死亡是人生必經的過程，生者在走過親人死亡的傷痛，可以更加積極地去過生活，因為這也是亡者的希望。

讓殯葬業者成為在旁協助家屬的角色，引導家屬以健康的心態放下哀傷，在充滿懷念的祝福中繼續走好人生的路，期待未來的相會，那麼死亡不再是一件令人恐懼的事，應該以平常心來看待，甚至是引領人積極向上的原動力。

五、未來的廣告行銷方向

以往殯葬業是被動的角色，萬安生命是在醫院服務據點靜守著，但未來必須要主動出擊，主動找客源，走入消費者的生活，目前萬安生命已經建置了社區發展和後續關懷的服務網絡，為生命教育深耕作最直接的努力。

所有的行銷方法，對消費者來說廣告是最直接的，如何用廣告讓消費者看到萬安生命？目前的廣告講述正向去面對死亡這個觀念，但喪親者在事後仍是需要心理輔導，也就是所謂的悲傷療癒，殯葬業者在這方面要努力的方向就是得到

消費者的信賴，有了信賴感就能走入消費者的生活中。

未來台灣將是老年化的社會，政府正積極對銀髮族作規劃，將來一定會有更好的發展，然而將來壯年者如何扶養老人呢？要怎麼樣讓他們心裡願意去做這些事呢？這對他們來說會是一個很沉重的負擔，殯葬業者本身能做什麼、可以延伸的是什麼，有關這個部分，正是要以既有的服務，將關注的對象放在年齡層更低的人身上，成為他們生命的顧問師，這是企業未來的願景和努力的方向。

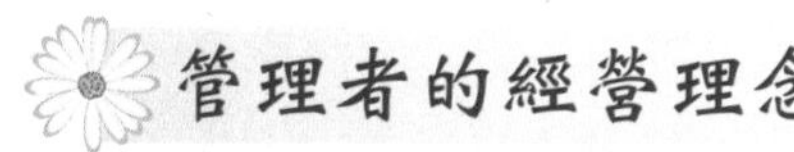

管理者的經營理念

先前提過企業的發展經營走向，倚靠的是經營管理者本身的思想基礎，以上位者的經營理念為出發點，凝聚公司全體同仁的信念，使所有人信服進而帶動所有人的意志和行動，產生共體一心的堅實執行力，這是企業能夠長久經營並且獲得成功的根基核心。

現任萬安生命的大家長吳賜輝董事長本身正是一個具有堅毅特質的領導者，在他的管理秘笈中更有著他獨特的經營智慧，而這份智慧就藏在黑白棋子間。吳董事長從圍棋遊戲中感受到古老的智慧：對弈時不論輸贏都要沉得住氣，必須毫不鬆懈地維持專注、不率性而為；對弈更培養了起手無悔的胸襟、輸棋時的坦率、接受指正時的氣度以及觀棋不語的君子風範。

吳董事長多年下棋的歷閱使其體悟蘊藏於黑白棋子間的謙卑處世態度——「播種越多，耕耘越深，越覺不足」，以及棋外之理：善勝者不爭、善爭者不戰、善戰者不敗、善敗者不亂，從運棋之道體悟企業經營的道理，並以此貫徹實踐。

吳董事長對於生命志業抱持著求新求變的理念與要求，從太平間氣氛的營造、服務人員的專業素質提升、公開透明的收費作業以至家屬的後續關懷等，投入大量資源，積極扭轉大眾對於殯葬業的刻板印象，建立屬於萬安生命的風範，秉持將基礎設施在前，配套設施在中，做大做強在後的理想，來成就各階段性的任務。

增強實力同時也重視續航力，共同促使殯葬業整體服務水準提升，期盼真正做到讓「亡者安心、生者無憾」之圓滿服務。

另一位經營管理人蕭壽顯總經理則是秉持「誠信」二字作為企業經營信念，更將儒家哲學「以和為貴」融入為企業文化的精神支柱，以此取得顧客的信賴，而贏得各方認同。

蕭壽顯總經理凡事都先從要求自己開始，當上位者能以身作則，展現自己的理念，當然能影響其他同仁，在組織內部的選用人才方面，堅持「用人所長，容人所短，不求完人，但求能人」的自我素養；他認為人的價值不在於擁有多少，而在於做了什麼，付出了什麼。帶人就是在帶心，當上位者能夠做到「信任而不放任」，維護對他人的尊重時，自然能召募並選用到對的人才，使其盡己之力，適得其所，讓人才各盡所能。

在公司組織內部整合統御中，以職責分明的授權與分權，歸屬明確，樹立「用人當疑」的新用人觀，也就是管理者應認真考察，善盡行使權力的監督制約，無論公司或員工遇有陋規、錯誤之處，皆應進行糾正；而表現良好者，予以嘉勉鼓勵。讓員工與公司彼此相互尊重，企業全體才能不斷地提升向心力而能日新進步。

正是由於上位者的經營智慧得到全體同仁的認同，才得以發揮上行下效的力量，營造出目標一致、團結努力的企業組織，進而順利推動創新的改革，使得企業更加穩固並且逐步成為產業中的領航者。

殯葬臨終關懷與後續關懷的必要與社會功能

- 生命最終的溫暖守護
- 亡者安息、生者安心
- 以關心驅逐悲傷——「續」的服務

人的一生是不可逆性的存在，因為隨著時光的流逝，生命終會走到盡頭，或許有很多人已經在腦中想像過自己未來會以什麼樣的方式死去，可能是在家中於睡夢時安祥辭世，也可能是身處滿是消毒水味的病房和病魔奮戰到最後一刻，又或者因為天災人禍而驟然離世。但不論是以何種方式離開這個世界，人終究難免一死；死亡是每個人都會面臨到的人生經驗。

雖然每個人都知道總有一天自己會和世界永遠的道別，但多數人卻不明白一個事實：生命的消逝並不是在呼吸、心跳停止的那一刻才開始，而是一出生的時候，死亡就已隨伺在旁。

由於未來的不可預測性，誰都無從得知自己什麼時候會離開這個世界，同樣也不曉得什麼時候會失去摯愛的人。人們在害怕、不想失去卻又知道必然會失去的情況之下，產生了對死亡的恐懼。

也因為這種恐懼，讓人在日常生活中不去多想有關死亡的事情，而當死亡的事實即將來臨或已確切發生的時候，可能會遭遇自己的身後事沒能安排妥當，或是來不及和所愛的人安心地話別等等狀況。

生者則可能無法接受自己所愛之人的離去，手足無措常是當下的第一反應，而後在治喪過程中情緒太過悲傷、感覺痛苦萬分，更甚者是沒有辦法讓時間撫平傷痛，即便已完成治喪仍然久久不能釋懷。

因此如何事先為必然來到的死亡做好準備，成為每個人生命中一項重要的課題。人的一生即是自生至死的過程，當一個生命的誕生是如此地受到重視時，那麼也應該以同樣慎重的心態來迎接死亡。

於是殯葬業者在傳統的殯葬程序（殮、殯、葬）中，增加「緣」和「續」兩個部分，「緣」指的是臨終關懷，「續」指的則是後續關懷。加入了這兩種服務，使得殯葬流程更為完整，比以往照顧了更多層面，不僅讓亡者能走得安心，同時也撫慰了生者。

生命最終的溫暖守護

一、殯葬業者加入臨終關懷

在台灣的傳統觀念中，認為在家中大廳嚥下最後一口氣才算得上是善終，如今因台灣醫療的進步，提高許多救治的機會，於是在感到身體不適或有病痛皆會到醫院尋求治療，也因為如此有許多人是在醫院病房裡過世的。雖然和傳統觀念中的善終並不相符，但是現在大多數人已經能夠以更務實的心態來看待生命的意義，對於臨終的人來說，在乎的是身體平安、心理平安、思想平安，能夠做到以上三點，就是現代社會所認同的善終了。禮儀服務人員便是在旁協助臨終者，使之能夠完成其未了的心願、化解生命的芥蒂，並且肯

定其存在價值和生命意義的角色，這項舉措可稱之為「臨終關懷」。

臨終關懷的概念是從國外引進，在民國八〇年代仍被看作是安寧照顧的一種，協助的人員皆隸屬醫院裡的護理人員，但這其實忽略了一個重要的關鍵。對於殯葬的相關事宜醫護人員通常不比禮儀服務人員瞭解，那麼若是病患或家屬有心要瞭解的時候，醫護人員是否能夠給予正確的訊息呢？

術業有專攻，醫護人員擁有其專業性的醫護療癒知識，而死亡包含的範圍極廣，簡單地來說就是和死亡相關的一切人事物、作業流程和禮俗都包括在內，面對死亡時有太多需要關照的層面，安寧療護是其中之一，醫護人員在醫學的角度上幫助臨終病患解決生理上病痛的問題。另外，社工師的職責則是要幫助弱勢家庭、貧戶，處理因病帶來的生活實際面問題，但是這兩者都較少碰觸到心理諮商的教育這一部分，對於病患以及家屬親友來說，心理的撫慰卻是非常重要的，所以心理諮商師是有存在的必要性。

面臨死亡的完整照護必須是在所有相關人員的前提一致、分工合作之下，才能圓滿完成，但是這一部分卻長期被人忽略，這當然也跟社會風氣一向避談死亡，以及社會大眾對殯葬業積累已久的負面印象有關。

但至民國八十六年，萬安生命開始大刀闊斧地將太平間整建成莊嚴素樸雅致的往生室，並派遣團隊駐守醫院為民眾提供及時的服務，讓民眾對於場所原本的負面印象改觀；再加上社會風氣開放，民眾愈來愈主動關心死後的殯葬事宜，進而會主動詢問醫護人員相關事宜，卻難以得到詳實的資訊後，醫院裡的護理人員也開始接受往生室的服務是有其必要性的事實。

台灣關於死亡這方面的建置完成有其階段性的分別，先是醫護人員，再來是社工師，接著是諮商師，一直到最後往生室的殯葬關懷才加入，禮儀服務人員的加入使整個系統對亡者和生者的照護更為完整。

二、提供及時的諮詢服務

在人通往死亡的旅程中，不論在生命的哪一個階段，當在心態上已經準備好要面對死亡，向外尋求協助的那一刻起，便是踏出了臨終關懷的第一步。

禮儀服務人員將臨終關懷這一個階段稱作「緣」，當人們開始去瞭解、接觸何謂「臨終關懷」時，即是和禮儀服務人員結下了一個緣，因為在當下，他們開始參與了生命中最後也是最重要的一段過程。

通常醫院的往生室裡都會有禮儀師駐守，為隨時有疑問的病患和家屬解答服務，這份關懷與協助在實務上製作成一本往生關懷備忘錄，內容是對於將往生時的一些疑問解答。例如：棺木希望的款式為何？遺體最終的處理方式是希望火化塔葬、火化植葬、火化海葬，還是土葬或是灑葬？奠禮的設計元素為何？身後的壽服要西式、中式的服裝款式，還是要穿自己平時最愛穿的衣服？死後會希望以何種宗教方式舉行殯葬儀式？這些問題的後頭都列出多種選項供人選擇，若選擇不在選項當中，也可以另外提出來跟禮儀師討論、溝通。

許多繁雜的事項藉由預先規劃的方式，以尊重為前提，將殯葬業者提供的服務客製化，目的是為了讓人在活著的時候就能先瞭解，在治喪期間會有哪些選擇，又需要準備些什麼，有哪些事物是殯葬業者可以提供的，而有經驗的殯葬業者更可以提供完整的規劃與服務流程。

亡者安息、生者安心

殯葬之禮由來已久，古時候是專指為亡者所辦的儀式。而今日對於死亡的處理與照顧已經不只是把焦點放在亡者身上而已，也看重生者失去所愛的痛苦。於是殯葬服務的對象除了亡者之外，亦包含了生者。

一、亡者的大體處理

首先在殯葬的臨終關懷方面，會碰到的是如何協助家屬處理亡者的大體，而這一段臨終關懷的時間，在生理上指的是即將死亡前及剛死亡後的階段。通常在這一段時間裡，家屬需要處理亡者的大體以及開立死亡證明書。

所以首先必須要釐清的是，亡者是如何過世的？

第一，如果亡者是在到院前死亡，例如發生車禍當場死亡，那麼此時因為涉及到刑事問題，需要由法醫和刑事人員負責勘驗，若是確定為刑事案件，亡者的大體所有權即為國家所有，必須等到確認完所有責任歸屬後才能歸還給家屬；假若不是刑事案件，那麼大體會直接歸還給家屬。在到院前死亡的情況下，醫師無權開立死亡證明書，必須由法醫及刑事人員負責開立死亡證明書。

第二，如果亡者是在到院後死亡，那麼大體便歸於家屬，而醫院負責開立死亡證明書以供家屬使用，但是這中間往往忽略了一個重點，那就是家屬到底需要多少張死亡證明書。

事實上死亡證明書所需要的份數，可能遠遠出乎我們的意料之外。首先是亡者過世的醫院需要自行保存一張，大體送入殯儀館存放冰櫃又需要一張，接著遺體需要火化，這個部分也要一張，若火化完選擇將骨灰放入塔位或其他地方又需要一張，光是處理好亡者的大體就需要四張死亡證明書，但還不光是如此而已。

人死後，家屬必須到戶政事務所去辦理除戶，這個程序需要一張；若是亡者生前有投保，保險公司也會需要留下紀錄，張數則是因投保的保險公司而異，公家保險和私家保險加起來，也許會需要三到五張；到法院及國稅局做遺產申報時也需要死亡證明書，兩個行政單位至少需要兩張。所以禮

儀師通常會建議家屬開立十份死亡證明書較為保險。

除了開立死亡證明書以外，殯葬的臨終關懷在醫院內較常會碰到的情況是，若亡者沒有購買生前契約，往往其本人因久病臥床，或已呈彌留狀態無法以言語表達。那麼禮儀師便會詢問生者，亡者需要什麼樣的殯葬儀式，並且告訴家屬臨終時需要準備什麼東西。例如遺照選了沒有，或是亡者在斷氣前，依照傳統習俗必須先幫他換好衣服，可以為亡者換上生前喜歡的衣服或是新買的衣服，但忌諱穿病服等等之類的事宜。

準備的衣服至少需要一套，初終的時候由醫護人員或禮儀師協助家屬幫亡者換穿，因為生病的人身體很可能已經變形，變胖或是變瘦皆有可能，生前的衣服已經不合身，故需要較寬鬆的衣服。

壽服的定義指的是亡者穿著入棺的衣服，並不一定是殯葬業者提供的衣服就稱之為「壽服」，禮儀服務人員在做臨終關懷時，這一點必須要先跟家屬說清楚，讓家屬明白絕不是要生者一味地接受生命禮儀公司的安排，禮儀師會尊重亡者及家屬的意見。

有些人希望能在家中嚥下最後一口氣，所以臨終關懷不只是在醫院內可以進行，也一樣可以在家中提供服務。

當亡者斷氣前的那段時刻，家人要換上素服，也就是顏色樸素較暗色的衣服，首飾也都要取下，陪在將逝親人周邊看著他斷氣往生，並且在亡者口中放一片金（銀）片或一塊玉，象徵富貴，也代表後代孝順，藉此儀式亡者可以留給家人財富。

在家裡停屍的亡者，因為怕有味道會先使用乾冰保持大體低溫，並且燒炭除臭，之後再擇吉時封棺。

但也有例外，比如說患有傳染病的大體，會採取直接封棺的動作，若是大體為一級傳染病，那麼根據政府的規定必須在二十四小時以內火化處理。

上述這些傳統習俗規矩，禮儀師都會提醒家屬，這正是臨終關懷的服務之一，整理出清楚明白的流程，讓家屬在失去親人的悲痛之中，不需要再花太多的精神去操勞喪事的瑣碎細節。

二、亡者的精神安置

安排大體的安置，同時也得為亡者安置其精神。

在台灣開放的風氣之下，宗教信仰多元化發展，佛教、道教、基督教、天主教、回教或是傳統混合儒釋道的民間信仰等等，並且因各宗教流派眾多，發展形成的教義也各有不同，對於人死後的精神亦持不同的看法。

以台灣常見的宗教為例，佛教認為人死後中介狀態的存有為「中陰身」（超渡「亡靈」至西方樂土是因受民間傳統影響，非原初的佛教教義），基督教和天主教認為靈魂只有一個，而在道教的看法中，則是認為人有三魂七魄；不僅是對於人死後的精神上有不同看法，各個宗教對於死亡的定義也不一致。

醫學上的死亡是指心跳、脈搏及腦波停止。佛教則認為是醫學上判定死亡後，一直到神識完全離開身體後才算是真正的死亡；道教則說三魂七魄，也就是魂有三個，死亡時魂魄從身體抽離，三魂的去向不同，三魂的說法同樣眾多，其中一種認為主魂回到宇宙循環中最初始的地方；生魂則會消滅，覺魂留在人間，所以道教有招魂的儀式，把魂（覺魂）招回至神主牌位上，供人祭拜。

臨終關懷時，佛教重視「助念」，基於「中陰身」這一個過渡狀態的概念（肉體在醫學上被判定死亡到轉生下一段生命開始之前，生命中介的階段稱為中陰身），為了讓往生親人能夠順利往生，這時法師會請家屬幫忙「助念」，亡者則是「主念」，意思是亡者要自己努力意念佛號，祈求佛菩薩加被，因為佛教認為人往生後的一段時間，聽覺還在，所以旁人助念的用意也是在告訴亡者，大家都在祈求諸佛菩薩，幫忙其往生順利，如此一來亡靈也能愈快剝離。這是臨終關懷中非常重要的一部分，現在的醫院內部分也設有助念室，一方面協助亡者往生極樂世界，也滿足家屬的心願。

但現今已經不光是信仰佛教者才會助念，因為在台灣民間信仰十分盛行，其中融合了不同宗教，如佛、道的觀念，所以有些家屬即使不是佛教徒，也會選擇助念，在基督教則稱為祝禱。

死亡後的處理遺體，在面對不同宗教信仰的亡者，其精

神安置的做法也必須跟著轉換，完備齊全的臨終關懷應將之納入考慮；當然也包括亡者生前的意願，這也就是為什麼需要生前契約、臨終關懷。因為或許人無法選擇何時要死去、要以何種方式死去，但是殯葬規劃的決定權卻是可以掌握在自己的手中的。

三、不同身分的亡者

一提到死亡、喪禮等等的字眼，大家可能直接聯想到的亡者身分會是生病的人、垂老的人或是死於意外災害的人，有一種身分是大家比較忽略的，那就是小孩的死亡。

孩子象徵活力的泉源，但是同時孩子的生命也是十分脆弱的。當小孩死亡時該如何處理？其實只要把握一個最重要的原則——好好地向亡者道別。

舉個例子，孩子可能因為生病而躺在醫院病床上，還沒拔管、尚有心跳呼吸，但已經處於彌留狀態，這時該如何處理呢？首先，家人當然要在現場陪伴孩子，即使是一個剛出生的小baby，也都是父母、親人心中的寶貝，出生時給予那麼多的關愛，在死亡時也同樣要以滿滿的愛來送走他。除了陪伴在身旁，也要摸摸他、和他說說話，讓他們知道父母親與長輩的祝福。

通常當新生兒死亡後，大體都是交給醫院來處理，不過如此一來父母並不一定知道醫院是如何處理的，因為自身沒有參與；這樣的現象容易導致父母親在事後出現心理陰影，例如有些人會認為自己諸事不順是因為嬰靈在作怪。

禮儀師會建議父母或親人，親身參與孩子死亡後的處理過程，比方將往生的小孩子用推床或是親自抱著他，送到往生室。這一段到往生室的路途，對痛失子女的父母親或是長輩來說，是一條相當悲傷且漫長的道路；若是醫護人員或禮儀服務人員能陪著一起走這條路，相信能分擔一些父母、家人的痛苦。

這樣的做法等於是有一些機會和留了一些時間，能夠讓生者好好地向亡者道別，也能使生者在此釋放自己的情緒，不至於壓抑過度。

四、臨終關懷的目的

臨終關懷對於生者而言，雖然不可能立刻做到讓家屬不再悲傷，但是臨終關懷的目的就是希望讓家屬能藉由替亡者做到一些事情，來完成最後的祝福與回饋，是一種儘量能讓家屬的精神得以緩解好過的服務。

通常禮儀師會詢問生者，亡者的遺願為何？使家屬不至於完全沉浸在悲痛的情緒中，而能夠開始回想過去亡者的心願，禮儀服務人員在此扮演從旁協助的角色，盡力幫助家屬完成亡者的遺願。

臨終關懷也能讓生者改正一些錯誤的觀念，例如傳統中，因為怕小孩子會被煞到，在治喪期間都不希望孩子靠近亡者。這其實是一個錯誤的觀念，孩子也需要好好地和亡者告別，而不是阻隔孩子，讓孩子不知道為何亡者會消失，小孩可能會因為這樣產生心理陰影，認為是不是因為自己不好才讓親人離開。

這樣的觀念應該重新修正，要讓孩子知道死亡的整個過程，亡者也許是他的爺爺奶奶、父母或手足，是平時相處在一起有感情聯繫的人，應當讓孩子清楚明白地知道如何面對死亡，從中學習給予祝福，得到成長。

臨終關懷在對象上是雙方面的，不只限於對將亡者瀕死前的照護，生者對於即將失去所愛的心理準備也包含在內，臨終關懷在生者身上也同樣有其效果，能幫助病患或生者多瞭解將來會面對的究竟是什麼，協助澄清觀念、消除不安。

通常在知道死亡將要來臨時，會有許多複雜的心理情緒，例如悲傷輔導學中有一個專有名詞「預期性悲傷心理」，指的是有時候人們會在預期所愛之人或是自己的死亡時，會伴隨著出現的悲傷心理，或者是過生日時覺得自己老了、離死亡更接近而感到悲傷，相同的，在退休後、得病時，也都很容易發生預期性悲傷心理的狀況，這些情形都需要臨終關懷的專業服務來協助。

殯葬的臨終關懷正是秉持著「待客如親，視逝如生」的心情，關懷每一個願意接受、肯定殯葬臨終關懷的人，更希望把這種正面看待死亡的觀念傳播出去，深植每一個人的心中，使每個人都能夠及早面對死亡、做好準備，能夠順利安心地走完人生的最後一程。

以關心驅逐悲傷——「續」的服務

現今的殯葬禮儀程序比起過去只注重亡者大體的處理和固定儀式的舉行之外，還增加了許多對生者的照顧，考慮到更多的細節。現在除了多加了「緣」的概念，亦在殯葬流程的最末加上了「續」的服務。

現今的喪葬禮儀流程：

1.緣：提供開放式的諮詢服務。

2.候：助念期間，等待靈魂脫離也等候其他家屬前來。

3.殮：對亡者大體的處理。

(1)小殮：把身體處理乾淨（淨身）、遺體美容、換衣服、接棺，把大體放入棺木中，但尚未封棺。

舉辦生死體驗營，展現後續關懷的落實

(2)大殮：蓋棺，和亡者真正告別。

4.殯：家屬必須面對的喪禮流程（對象是家屬）。

5.葬：亡者的最終歸宿，在安葬前先辦家、公奠。死亡到安厝（安放骨灰進塔位）的這段期間叫做喪禮。

6.祭：亡者下葬後為其做的法事，如做百日、對年等等。

7.續：後續關懷。

一、撫慰生者

後續關懷可分為兩種，除了重心放在超渡亡者的儀式之外，另一種指的則是對於生者的後續撫慰。其實一個莊嚴慎重的喪禮即是對生者的一種悲傷撫慰，好的喪禮能安撫家屬，在眾人見證之下使家屬能與亡者真正告別。但是失去所愛之人的痛苦並不是那麼容易克服，許多人面對不了逝去親人的痛苦，可能會產生負面的想法及行動，這時後續服務就顯現出其重要性。

剛開始的後續關懷，其實是和生前契約有很大的關係，因為在實行完生命契約中所有的服務，待殯葬流程結束之後，禮儀師會到府收款並且開立發票，在這個動作之後會給顧客一張滿意度回饋單，在一來一往的過程中，禮儀師依然秉持著「待客如親」的態度去關心慰問喪親者，但是這還不夠。

後續關懷指的是在喪禮完畢後的服務，比如禮儀師以寄卡片的方式做百日、對年的提醒，在這個動作中必須尊重家屬的意願，也許有些家屬可能在喪禮之後完全不想再碰觸相關的人事物，不過這些依照習俗在喪禮之後對於亡者的服務，重心仍然是以亡者為主，目前台灣的殯葬業者大多都只做到這個部分，但是這種做法對於生者的關心仍然不算充分。如同臨終關懷的對象是雙方面的，後續關懷對於亡者及生者也必須同樣重視。

萬安生命的後續關懷服務引進社區關懷的概念，包括了舉辦各種講座，還有和大專院校一起合作成立讀書會，藉由閱讀和分享，讓彼此有過喪親傷痛的人們可以互相支持安慰，萬安生命經常在醫院裡開辦一些課程演講，對象是以醫院內的社工師、諮商師和所有病患及員工為主，不過病患的家屬或一般民眾也可以參加講座，這同樣屬於社區關懷的一種形式，基本上就是把醫院當作小型的社區；當然也有在民間社團開設講座，例如到長庚養生村演講，未來也會結合社區做中元普渡法會。

二、嘗試不同的關懷方式

萬安生命特別建構了客戶關係服務網絡，為先前服務過的客戶家屬，提供一些新的殯葬資訊以及悲傷撫慰相關的資訊，讓客戶知道他們是被持續地關心著，維持與客戶之間友好的關係。

除了開辦講座、讀書會之外，也舉辦夏令營或冬令營，為期五天體驗殯葬的活動，從臨終關懷的階段開始，教導參與者在面臨死亡事件的時候心境上該如何轉換。講座也有實際體驗的部分，比如去宗教博物館、墓園、靈骨塔，或是參觀殯儀館、會館、禮儀廳，讓參加的人知道在殯葬事物上有許多不同選項可供選擇，透過這個活動告訴參與者，可以用自己想要的方式道別。期間還有包含其他跟殯葬禮器相關的活動，比方說創新商品的體驗活動，讓參與者可以製作自己的手模、教授如何寫族譜，或者試躺「人生典籍」棺木，體驗死亡的感受與情境。

萬安生命也和國立台北護理健康大學合作，借助校園場地來進行療癒的活動，北護的校園裡有一座精心設計的癒

為服務過的家屬舉辦的生命關懷講座

花園，做為心靈治療的場所，裡頭的花草植物和裝置藝術，令人感到既美觀又溫暖，而這些都是以關懷為出發點所建構的，布置巧妙讓人身處其中就能放鬆心情。

透過和國立台北護理健康大學的合作，在不同的節日關懷不同的對象，例如端午節是關懷自殺者的親友；母親節則是懷念媽媽、或是失去當母親身分的女性顧客。關於這種類型場地的營造，公司也有規劃，未來將建置專屬的療癒空間及設施。

三、後續服務的專業人才

這些後續撫慰的服務都需要訓練有素的人才來執行，方能夠真正有效地幫助喪親者，民國九十一年頒布的「殯葬管理條例」第四十六條規定：

「具有禮儀師資格者，得執行下列業務：

一、殯葬禮儀之規劃及諮詢。

二、殮殯葬會場之規劃及設計。

三、指導喪葬文書之設計及撰寫。

四、指導或擔任出殯奠儀會場司儀。

五、臨終關懷及悲傷輔導。

六、其他經中央主管機關核定之業務項目。

未取得禮儀師資格者，不得以禮儀師名義執行前項各款業務。」

其中特別列出第五點臨終關懷及悲傷輔導的規範，由此可見這些都是需要具備專業資格的人士才能夠為人服務。禮儀師在進行悲傷撫慰的時候必須把握幾個原則：以同理心協助喪親者、主動接觸喪親家屬、協助其情緒表達與處理、闡明正常的悲傷行為、協助喪親者運用資源，協助喪親者面對靈性或宗教的課題、評估高危險群及轉介的需要。

尤其最後一項非常的重要，當人無法走出悲傷進而有危害自己及身邊的人之可能性時，這已經不是禮儀師能夠處理的範圍，應該馬上轉介給其他專業人員，這種情形從國外的研究顯示來看並不少見，自殺者的遺族或者只要是知道他者自殺的人，要能完全跳脫悲傷環境其實很難，而且，通常一場喪禮結束後，十個人裡頭約有兩個人得到憂鬱症；也有人即使經過了一、二十年都還放不下心結。

當有這種行為產生時，可以從中思考一個問題：會不會是在面對死亡的當時，處理的方式出了問題，或許喪親者沒有接受到適當的引導，致使走不出悲傷，引發後續的情緒困境。

所以一位專業的禮儀師理應接受後續關懷悲傷輔導課程的訓練，學習初步的悲傷評估，以便瞭解喪親者的狀況，有利於找到適合的方式帶領他們走出傷痛，或是告訴家屬有哪些管道能讓他們找到更專業的諮商師協助，做一個轉介的動作，這些對於陷入悲傷情境的喪親家屬都是相當有幫助的。

後續關懷的服務最主要就是希望能夠預防不幸事件的

再度發生，若能撫慰喪親者的心靈，這更是能安定整個社會的一個潛在性力量。並且藉著後續關懷，引導喪親者走出悲傷，重拾力量展開未來的生活，同時也是一股維持社會穩定運作的正向力量。

萬安生命落實社會關懷獲得政府的肯定

11 儀式選擇性的多樣化

- 發揚傳統孝親精神的禮體淨身
- 擁有多項專業技術的禮體師

在變遷快速、求新求變的時代中，殯葬產業也跟著時代的脈動一步一步地產生變化，從整體的殯葬程序來看，原先只重視亡者的大體處理，發展至今增加了預先規劃、臨終關懷以及對喪親者照護的新觀念，這些想法使得殯葬流程從原先僅有的殮、殯、葬三部分，發展成現在的緣、候、殮、殯、葬、續六大部分。

這是將視角放大來看，若是將視角縮小只從其中某一部分觀察，一樣能夠發現殯葬產業與時俱進的痕跡，例如在儀式上除了保留自古以來的禮儀之外，還有新增一些過去沒有的儀式，有些儀式則是雖然出現過，卻因為沒有實質上的意義，或是不符合現今社會風俗而被順勢淘汰，例如都市地區已沒有五子哭墓、孝女白琴的殯葬儀式，因為製造出來的聲響會成為稠密群居人們的噪音問題，諸如此類的殯葬儀式和現今環境不符而需要改進或是廢止。

殯葬儀式從古至今看來，呈現出更加蓬勃發展的樣貌，雖然儀式有增有減，不過整體來看還是偏向增加的一方，有愈多的儀式可供民眾選擇，就代表了殯葬產業已有更大的包容力及自由，讓消費者可以彈性地從多樣儀式中選擇出滿足其需求的部分，達成殯葬服務業的使命——以客為尊的服務態度。

但是因為有些儀式的意義在長久進行的過程中，漸漸地被人們所遺忘，大家只知該如何做卻不知道為何而做，造成人們對殯葬儀式產生誤會，於是當殯葬業者提出一項服務

時，常容易被懷疑其儀式的正當性，人們對於是否有必要舉行儀式會提出質疑。

要消除一般民眾的疑慮，除了要找出殯葬儀式原有的代表意義，並且向消費者說明儀式意義之外，業者亦應設法恢復儀式應有的價值，也就是說業者必須重新推行儀式服務或是改良儀式再提出服務，將儀式不斷地做出修正、改良，以提升儀式的適宜性，因為儀式是必須跟著時代一起進步，才能因應現今社會民眾的需要，當消費者明瞭殯葬儀式的用意，才能真心地接受殯葬儀式和服務所需的花費。

從過去到現在持續改良的儀式不少，萬安生命致力於發掘出那些被人忘卻、掩蓋已久的殯葬儀式背後的意涵，為它們尋回自身的定位，並且在提供服務的過程中進行加強改善，讓意義能以更合宜現今社會風俗的方式發揚應用。

發揚傳統孝親精神的禮體淨身

現代化殯葬活動必須照顧的對象包含了亡者和生者，兩者都同樣需要透過殯葬儀式來達到安頓，這看似近年來才提倡的殯葬觀念，其實古老的禮俗儀節中已有相同的涵義。例如近年來台灣推廣的悲傷輔導，希望能夠重視生者的身心靈照護，這在過去傳統的殯葬儀式中亦有——生者為亡者守孝，守孝是藉由一段時間沉澱傷痛情緒，隨著時間慢慢找回生活的動力，守孝有助於喪親者整理心緒、重新整頓生活，

這和悲傷撫慰希望達成的目標是一致的。

悲傷撫慰強調在整個殯葬的過程中，都要照顧到生者的心理情緒和生理狀況，雖然這是由國外提出來的概念，但其實傳統的殯葬習俗，儘管沒有文字記錄強調悲傷撫慰，卻早在禮俗儀式進行的同時就關照到這個部分。

上述提及的在亡者下葬後為之守孝是其一，另外在人剛過世不久也有禮儀是具備悲傷撫慰效果的，例如為亡者淨身；這項禮俗亦是隨著時間進程在各時期有著不同的樣貌，直至如今已成為一套完善的儀式，稱之為「禮體淨身」。

一、禮體淨身的傳統源流

何謂禮體淨身？首先要從遺體的處理談起。一場完善圓滿的喪禮到底應該如何規劃？這個疑問的解答跟著時代演進而不停地變動。從日治時代一直到民國八〇年代之前，整個殯葬儀式的處理上著重的是亡者的大體；台灣的民間信仰影響人民甚深，多數人認為殯葬過程要處理的有兩個部分，一是亡者大體，二是精神安置，但過去儀式處理的精緻度往往不夠。

以精神安置來說，傳統的做法是請家屬到河邊乞水，向神明祈求乾淨的水，回到家在亡者還沒斷氣之前幫其擦拭身體，身體擦拭潔淨代表亡者已經脫離俗世所有的汙穢，準備好要往極樂世界去，以此告知神明可以帶亡者走了，這是農業時代的做法。

漸漸邁入工商業社會之後，乞水為亡者淨身的儀式改變了，本來是要家屬親自來處理的，但多數人因為工作繁忙，無法每項儀式都親自執行，又因為不瞭解殯葬儀式背後的意義，於是許多喪親者省去清潔亡者大體的儀式，變成身體和精神的潔淨分開來處理。

在大體上的清潔交由殯儀館人員來做，而淨身的過程不會讓家屬參與；精神安置則完全交給宗教人士負責，變成是由宗教師作法，大多拿著一盆水還有一束榕樹葉，繞著亡者誦念經文，將樹葉沾水，潑灑在亡者身上而已，這個動作也叫淨身，此時家屬已完全沒有參與淨身的儀式。

本來傳統的乞水淨身儀式是由宗教師帶領，以口令指揮家屬，實際執行動作乞水以及用乾淨的水來擦拭亡者身體的是家屬，一切親力親為，替亡者祈求乾淨的水是希望讓亡者能夠徹底潔淨身軀，以最原始乾淨的狀態到另一個世界去，以乞回的水沾濕毛巾幫亡者擦拭身體，藉由一回復一回的擦拭，家屬可以在此時向亡者訴說心底的感受，表現最後的孝親之意，這有助於喪親者的情緒紓解，兼具了實質上清潔亡者大體和撫慰生者心靈的兩種功用。

但是這個儀式卻在社會環境轉換的過程中慢慢被忽略，變成家屬無法親自為亡者擦拭身體，甚至連在旁觀看都不行，擁有正向意義的儀式竟然漸漸變質了，在維護傳統儀式的心情之下，到日本觀摩，推廣從日本學習回來的「湯灌」技術，配合台灣特有的民俗傳統，研發出一套適合台灣民

眾，既新穎又不失獨特性，且將傳統孝親精神保留下來的「禮體淨身」儀式。

二、以敬神般的莊重心情為亡者服務

「湯灌」一詞源自於日本，在日本神社常可以看到民眾在「浴佛」，也就是拿起勺子舀水香湯澆淋在佛像身上，香湯指的是乾淨的水或者是放有香料的水，以香湯來灌沐佛身，取其中兩字就稱作湯灌。

日本的殯葬業者提供了湯灌的服務，以等同於尊敬神明的心情替亡者清潔身體，事實上從唐朝開始就有這樣的儀式，如此潔淨大體的方法在唐朝的典籍中就有記載了。在日本，由於認為人死了就是成仙成佛，這和台灣得經過百日、對年及合爐的儀式才能成為祖先有所不同；日本是人一死即成仙，所以對大體敬重有加。

西方的基督教、天主教、回教，不論是聖經、玫瑰經或是可蘭經，敘述雖然有些不同，但其實在對待亡者的大體處理上是差不多的，會用香油、綿羊油來淨身，消毒兼防腐。

從民國八十六年起，台灣即有殯葬業者到日本的湯灌公司見習，日本的湯灌服務是獨立於生命禮儀公司之外的，當時主要的業務並不是在處理亡者的大體，而是幫老人和行動不便的人在自家做身體清潔的服務，演變到後來又加入了臨終之前幫忙亡者做擦拭後再穿壽衣的服務，此時才和台灣傳統的殯葬儀式有些相似。

也是由於日本的湯灌殯葬服務與台灣的儀式較為相近，都是在為亡者清潔大體，不過其內容、服務上的精緻度高出台灣許多，所以台灣的殯葬業者為了提升自身的服務品質，便到日本學習，將之引進台灣。

三、推廣從自己人開始

其實台灣自從民國八十九年引進日本的湯灌技術後，在當時的傳統下，要在亡者還沒斷氣之前（亦即臨終時）就做擦拭後再穿壽衣的這個動作，此時家屬心情上大多是無法接受所愛之人將要離去的事實，當然也就不大可能同意在臨終時做這個服務了。

而且在日本湯灌服務的花費，最便宜的也要十萬日幣（約等於四萬台幣），若是內容上要再更好一點的則需要花費近二十萬日幣；儘管價錢並不是每個人都負擔得起，但是因為湯灌服務有其意義，生命禮儀公司仍想將之引進台灣。

於是在民國八十九年引進台灣之後，花了五年的時間。直至民國九十四年，才開始有禮儀公司願意試推這項服務，不過當時並不被眾人認同，就連禮儀公司內部的禮儀師們都覺得按照原先的儀式去做就好了，湯灌的收費如此之高，哪有民眾肯接受，但憑著「好的服務總是會有人看得見」的信念，還是堅持去做。

萬安生命是一家從傳統轉型成現代化的生命禮儀公司，所以起初還是保有傳統的觀念，在大體的處理上傾向將精神

和身體分開處理，對於身體處理的部分，像殯儀館一樣，不讓家屬參與，過程中也都是用毛巾做擦拭而已。

在這樣的情況下，如何讓淨身儀式回到原點，在傳統意義的根基上展開完善的服務，便有了難度。

民國九十五年的時候，在管理高層的支持之下，認為禮體淨身是一項可以推行的服務，於是在大多數人尚未熟悉瞭解的情況下，推動了這一項新的服務。

先是引進器材設備，然後招募人員，把在日本學習得來的技術教給禮體淨身服務人員，再開始於內部跟業務單位以及禮儀人員做宣導，一步一步地慢慢循序推展。向公司同仁做宣導的時候，是直接請業務單位的同仁來親身體驗禮體淨身的服務，由禮體師當場為同仁做示範。在服務的過程中他們也慢慢感受到，這項服務有它值得推廣的地方。

示範現場，一位同仁扮演亡者，由禮體師為其淨身，其他同仁在旁以家屬的角度來檢驗這項服務，當禮體師以溫柔語調告知接下來的步驟、輕巧的動作清潔擦拭身體，那樣莊重的神情和姿態，喚醒了在場許多人的感受，連接大家的生命經驗。

有些同仁已當了父母，曾幫自己的孩子洗淨身體，這時他們可能憶起為孩子洗澡的畫面，而每個人都有父母親，父母親從小到大為孩子洗過多少次澡？這次數可能已經多到無法計算得出來了，但孩子們有好好為父母洗過一次澡嗎？父母為孩子洗澡時的溫柔細心，每一寸肌膚都仔細撫摸清潔，

孩子們可曾看過父母的背嗎？有好好握過他們的手嗎？

這些疑問點醒了很多公司同仁，大家都很感動，也覺得這是一項能夠盡孝的行為，如果是以這樣的方式來陪伴家屬，不僅為亡者打理好最後的容顏，也撫慰了家屬的心，是一項非常溫馨也深具意義的服務，能夠讓家屬減少一些遺憾。

四、以客為尊——特製的禮體淨身服務

在禮體淨身的服務中，萬安生命設計了很多日本缺少的部分，電影《送行者》中日本的湯灌服務重在擦拭整理亡者的大體，雖然亦有引導家屬的部分，但大半以動作（女性擦腳、男性擦臉）居多，實質上以言語關懷引導的部分很少。

在台灣，強調能和台灣一些傳統民俗儀式做連結，比如說乞水儀式在結束後還有所謂的「見天」。「見天」儀式的內容是，亡者在入殮之後（也就是已經淨身完畢、壽服換好、妝也上好），要安放進大厝之前（大厝就是靈柩，而這個靈柩已經是視為天堂的一部分，代表亡者在另一個國度的家），亦即在進天堂之前要有神明引導，家屬將亡者擦拭乾淨表示亡者有資格進到天堂，所以最後要面向西方，引領西方的神明前來接引亡者到西方極樂世界，這個儀式就是所謂的「見天」。

過去的見天儀式都是由家中的長輩來引領，後來轉變為由宗教師引導，禮體師必須懂得此一禮俗，如此一來在必要

時也能為家屬提供這項服務。萬安生命堅持執行禮體淨身的禮儀師一定要經過專業訓練並取得證照者，才有資格成為一名禮體師為顧客服務。

禮體淨身的流程，首先是將躺在床上的亡者大體，在其退冰之前（大體通常冰存於冰櫃中）把衣服剝除掉，使用的工具是剪刀，不以脫衣的方式卸除衣物的原因有二：第一，用一般脫衣的方式時間會拖很長；第二，亡者的骨頭在脫衣過程中勢必會被凹來折去，恐有折斷的危險。

萬安生命推廣的禮體淨身服務從這一開始為亡者脫衣的步驟，就以視逝如生、尊重亡者隱私的心態，採取的是三點不露的方式，禮體師一開始會先跟亡者行禮，再將毛巾覆蓋在其身上，然後才進行剝除衣服的動作，過程三點不露，只靠禮體師的手感來動作，這若是沒有平日嚴謹扎實的訓練是做不來的。

不論是在擦拭、按摩或是沐浴的過程，亡者的身體都絕對不會被看到，雖然這麼做比較費時費力，卻充分尊重亡者的隱私。也有業者推出號稱是禮體淨身的服務，卻不讓家屬參與，過程中也未以視逝如生的心態來擦拭清洗亡者的大體，這樣的服務根本不符合禮體淨身的真正意義。

禮體淨身是希望能提供亡者莊嚴的淨身方式，並且讓家屬可以參與，達到悲傷撫慰的作用。

禮體師在行過禮之後，要跟亡者說即將為其做淨身服務，明確告訴亡者所需時間大概要多久、過程有哪些步驟，

而服務人員會用心做最好的服務，請他放心；第二個行禮對象是在場的家屬，一樣明確地告訴他們等一下會有哪些服務，也會請他們親自參與，若有什麼其他的要求也可以當場提出，這就是視逝如生的實際作為，把亡者當成生者對待，將喪家當作自己的親人看待，這個動詞的「侍」字正好可以顯現提供的服務之用心。

再來是調整水溫讓家屬確認，這個詢問的動作有兩個意涵，第一，大多數人並不知道亡者生前洗澡時習慣的水溫，這讓家屬可以自省為何在亡者生前沒有多瞭解他；第二，讓家屬以自己的方式去確認水溫，避免太冷會覺得對亡者不敬、太熱則怕皮膚受傷。

接著引導家屬做乞水見天的儀式，禮體師用平和的態度，請家屬拿香，面朝西方，到看得見天的地方，告訴西方的神明說：某某人已經往生，也淨身完成了，以最乾淨的狀態禮敬神明，請神明引導前往西方極樂世界，做這個步驟的禮體師等於兼有宗教師的引導服務。

然後再以專業手法為亡者擦拭身體，擦拭用的小毛巾也有其特殊的折法，所有流程都以不急不徐的速度進行，喪家看著這樣的動作，自然心情也比較容易跟著和緩下來。以水沾濕毛巾後，不是用扭的把水擠出來，而是用按壓的方式把多餘的水分按出，再交給家屬，這讓家屬不會把手弄得濕答答的，禮體師拿著毛巾的兩邊好讓家屬能方便從中間拿取，每個環節動作都要仔細且準確；擦拭的時候由禮體師引領家

禮體師引導家屬禮敬神明

屬做正確的動作，女性擦腳男性擦頭。

一組禮體淨身人員最少會有三個人，這是為了展現尊敬，當以蓮蓬頭為亡者清潔身體時，一個人負責頭部，另一人負責身體，再一人負責四肢，亡者躺的床經過專利設計，是網狀且具有彈性的，還加上一個枕頭，讓人覺得躺起來是很舒服的。

從頭髮、臉部、耳鼻、手部、腳足到身體四肢，全部都以SPA的方式為亡者重新整頓打理，過程同樣完全秉持像對待活人一般的態度與方法。以洗臉為例，在洗掉臉上的洗面

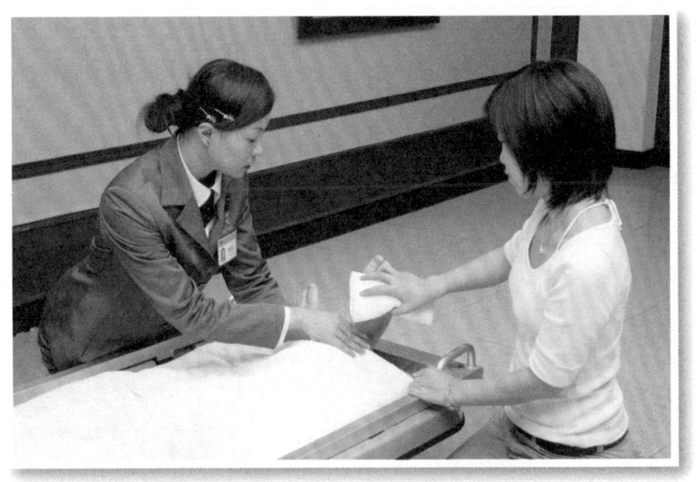

禮體師引導家屬為亡者擦拭身體

乳時不是直接用水龍頭沖臉，因為一般生者並不會這麼做，當然也不會這樣對待亡者。禮體師會事先以棉花將亡者的耳朵和鼻孔塞住，避免進水，清潔完臉部後會用兩條至三條的濕毛巾慢慢擦拭掉泡沫，擦的時候毛巾也不會重複在臉上一直推擦，凡是毛巾已沾過泡沫的地方就不會再使用，換另一面沒用過的地方擦拭，都擦過了就換新的。毛巾不管大或小，只要用過就會丟掉不再回收，而且不只毛巾，只要是禮體過程中所用的耗材都是如此，只專為一位亡者服務，不會重複使用。

臉部清潔後，接著要清洗身體的部分，除了平常反覆練習以熟悉身體各位置的清潔之外，禮體師另外還需要學會特殊的技巧，例如按摩——針對特定的關節做按摩，這是由於

因為冰存過後，大體裡的蛋白質酵素產生變化，所以關節失去了彈性產生僵化，將其按摩使之軟化，以便進行清洗。

一位專業的禮體師，在修習殯葬相關知識時還必須學習遺體生理學，比方臨終到死亡後大體的放置，在不同的溫度會有不同的狀況發生，擺放多久時間會產生屍僵、屍斑，禮體師學習了這些專業知識可以幫助他們去判別大體的狀況，知道該用多少力量，要如何按摩才能讓韌帶軟化等等。

按摩除了注意手法，也不忘了要顧及亡者的舒適度，以溫水來洗淨亡者的身體，還搭配精油按摩，善用精油的功效，透過溫熱的雙手來舒緩亡者冰冷的身軀。

全身都清潔完畢後就換上壽衣。換壽服的動作也如同電影《送行者》裡的禮儀師所做的一樣，戴上手套，以輕柔、優雅的姿態，為亡者更衣。

在整個淨身過程中禮體師會說話來引導家屬參與，這種引導有點像諮商師的角色，例如禮體師會說：「您現在碰觸大體的時候，有沒有想到和亡者之間過去相處的回憶呢？這張臉、這個身體在等一下入殮後您就無法碰觸了，有什麼話想說的，得趁現在好好跟他說一說。」如果家屬情緒激動或是過於哀傷以至說不出話來，禮體師就會在旁接著剛才家屬回答過的話，再提出一些問題，持續營造出氣氛讓家屬可以表達心裡的話。

基本上禮體淨身將亡者的身體和精神部分都做安頓，包括生者都一併照顧到了，儀式中使用了很多專業心理諮商的

引導技巧。

上述這套禮體淨身儀式是剛開始研發改良的狀況，直至現在又增加了很多新式的服務，例如指甲彩繪、妝髮造型等等，服務一樣採取以客為主的態度，如果有亡者生前喜歡用的口紅、腮紅等一些化妝用品，禮體師也會詢問喪家願意使用與否；如果沒有，人員會自行調配顏色請家屬確認。這其中有很多的溝通過程，也因為如此會花上許多時間；殯儀館也有清潔大體的服務，但是沒有辦法做到如生命殯儀公司這樣精緻細膩的程度，正是此原因。

專業的禮體師會以「組」為單位，和顧客協調時間，規劃並安排服務的內容和流程，攜帶式的器材，清潔大體的床組，一個女生就可以提著走，雖然和日本相較之下台灣的較重，但是耐久性較好。

台灣和日本的床組有兩個不同之處，一是台灣以鋼鐵製的較為堅固，另一個就是台灣有很多禮體師不習慣以跪姿服務，所以台灣研發出來的床組是可以讓人員站著淨身，也可以跪著處理。不過站姿和跪姿的服務姿勢給予家屬的感受會有不同，當服務人員站著服務時家屬沒道理跪著，可是如此一來孝心的展現就沒有那麼誠摯了，回想幼時，哪個父母不是蹲跪著、彎著腰溫柔地為孩子洗澡，那麼在送父母最後一程時難道不該跪著嗎？於此，禮體師身為儀式的帶領者也展現出對亡者的尊重，而多採跪姿服務，而且禮體過程中有些動作跪著反而會比較省力。

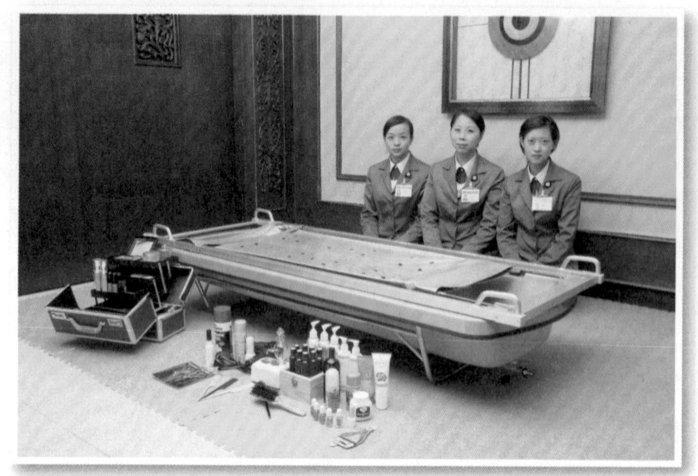

禮體師以跪姿服務

擁有多項專業技術的禮體師

禮體師的工作內容包含了髮型設計（吹整髮、染剪髮、設計造型、頭部穴道按摩）、臉部修容（臉部化妝美容、口腔清潔）、手足護理（手腳指甲修剪、關節足底按摩、美甲彩繪）、身體按摩，這些都需要多項專業美容相關技術。可是一位專業的禮體師得具備的並不只是美容相關技能，有很多大體因為久病已不若健康時候的模樣，要恢復亡者原來的容貌，禮體師還必須學習專業的遺體修復技術，喬整骨頭、移植皮膚、填充組織、縫補等等，都是禮體過程中會用上的技術。

因為禮體師是一門專業的工作，所以在徵選禮體師人才時也不能馬虎，除了擁有美容師證照或護理師證照之外，還要有一個熱忱服務奉獻的心。

盡責的禮體師都有一份使命感——要讓亡者呈現最莊嚴的形貌來告別人世。剛推行這項服務時，有許多家屬無法接受，過程中本來繃著一張臉，對禮體師的舉動無法諒解，直到在旁觀看整個淨身儀式結束之後，反而有家屬忍不住情緒，跪下來感謝禮體師如此盡心盡力地為自己的親人服務得這麼周到，也有家屬覺得如果殯儀中少了這一項服務，他們會覺得心裡留下了遺憾。這些回饋就是禮體師最大的成就感和繼續努力的動力來源。

禮體淨身是一項結合了傳統和創新的殯葬儀式，實踐了傳統的意義且加入新的服務方式，創造出符合人性需求和社會潮流的殯儀服務。現今亦有其他儀式如同禮體淨身是既不失傳統又創新的，例如奠禮的式場布置——萬安生命推出了環保性高、可拆卸重組的天堂式場；也有利用數位科技做出的回憶光碟，在家、公奠時供來賓觀賞，這和舊時以遺照遙想懷念故人的用意是相同的，但是運用了數位製作媒體，使得呈現的介面與內容都更加豐富了。

這些都是殯葬儀式未來的趨勢，用現代科技將傳統意義重新包裝，維護優良傳統意義，再加入新的意義，讓殯葬儀式更加人性化，能隨著亡者自己的意願做調整、使之個性

化；對於家屬而言，多樣化的儀式讓喪禮規劃的呈現更有彈性，也更符合家屬的需求和期待。

12 公營殯葬機構的經營管理瓶頸與解套方向

- 政府的展望——推動現代化的殯葬設施及優質化的殯葬服務
- 法治社會，以身作則，依法行事
- 推動殯葬從業人員專業化，提升殯葬服務品質
- 加強殯葬設施的設置及經營管理
- 公立殯葬機構的遠景

台灣已進入高齡化社會，出生率大幅度降低，新生兒人口愈來愈少，而醫療技術的進步使得平均壽命延長，在老年人口相對增加的情況之下，台灣社會立即要面對的就是高齡化社會和死亡規劃的問題，對政府而言，如何為國民建立起一個優良品質的殯葬制度成了當務之急。

由於傳統禮俗忌諱死亡，長久以來台灣社會幾乎人人避談和死亡相關的話題，政府公部門對殯葬議題的態度亦未如同對待其他議題的積極，這種態度的影響導致台灣殯葬產業的進步一直處於十分緩慢的狀態；直至近十年，日新月異的傳播媒體普及使得資訊流通速度飛快，觀念也隨之多元開放，使得台灣社會對於死亡和殯葬觀念不再像過去那般閉塞忌諱，不論是政府或是民眾都有愈來愈多的人注重和探討殯葬議題。

資訊的流通也促使國際間彼此經驗交流更加容易，政府參考許多其他國家深具現代科技特性及環保概念的殯葬設施與管理制度，做為改革自身殯葬制度與設施的參考。在民國九十一年七月十七日立法公布「殯葬管理條例」，內容即是全方位地更新以往有關殯葬設施或管理等法令不足之處，規範包括殯葬設施、殯葬服務及殯葬行為。

其中「殯葬管理條例」特別針對「殯葬設施」一詞做出解釋，指的是公墓、殯儀館、火化場及骨灰（骸）存放設施，而這些殯葬設施的管理單位則是直轄市、縣（市）及鄉（鎮、市）主管機關。條例中將公立和私設的殯葬設施都規範在內，但公營的殯葬機構主要經營宗旨是著眼於公眾利益的維護。

以群體利益為己任的出發點，使得公營殯葬機構的眼界要較其他殯葬機構為高為大，並且成為領航者，帶領產業和民眾共同創造出結合台灣本土特色及傳統文化亦符合世界潮流的殯葬文化。

政府的展望——推動現代化的殯葬設施及優質化的殯葬服務[1]

政府為推動現代化的殯葬設施及優質化的殯葬服務，由內政部民政司主導殯葬管理施政概況及方向，其中對於殯葬事務代表著政府的看法，將殯葬產業的規劃目標分成五大層面：一、健全殯葬法制架構，配合永續發展願景；二、改善殯葬設施，提升生活品質；三、推動環保多元葬，節用土地資源；四、強化殯葬服務業管理，落實消費者權益保障；五、推動殯葬從業人員專業化，提升殯葬服務品質。

這五大層面，法制、硬體設備、環保意識、軟體服務和消費者權益都已涵括在內，然而除了這五個層面之外，還必須要重視意識層面上的禮儀習俗，以此統攝所有的目標，才真正能達成台灣殯葬文化優質化的展望，於是內政部推動禮

[1] 下述論點參考台北市殯葬管理處〈優質化殯葬管理〉一文，歸納台灣公營殯葬機構在管理經營上未來可努力的方向。

法制度的相關研究以及倡導國民禮儀活動的補助作業，以補助金額的方式鼓勵並結合民間團體，舉辦殯葬相關研究或辦理提倡殯葬文化相關之研討、座談、展覽或其他宣導活動，在觀念禮儀上倡導，使國民都能知其儀禮，以禮行之。

政府雖然有其公權力，不過在實際的推行過程，卻仍會受到許多外界和內部因素的影響，使得整體的成果不如預期。

一、加強人民對公設機構的信心

隨著時代的變遷，台灣人口老化的程度和都市化程度已是不可逆的趨勢，於是社會需要政府規劃出完整且具有前瞻性的殯葬制度，提供一套完善且優良的後事處理服務。

其中一個重要的組成就是硬體設備。公立的殯葬設施如殯儀館、火化場、公墓、納骨塔。這些公立殯葬設施在多數民眾的觀感中，總被認為老舊、效能不佳。新聞媒體在過去對於殯葬業的報導也多為負面，再加上公立殯葬設施的維護更新不如私人機構來得有效率，導致人民對於公立殯葬設施的品質產生懷疑。

近年來政府為扭轉民眾的觀感，持續努力提升殯葬設施服務品質，應民眾殯葬的需要，推動各項改善殯葬設施的計畫。

比方說逐年改善各地公墓，積極興建殯儀館、火化場、納骨塔（堂）等設施，以應民眾需要，從民國八十年起推動

「端正社會風俗——改善喪葬設施及葬儀計畫」，民國九十至九十四年再行推動「喪葬設施示範計畫」，補助地方政府辦理公墓公園化、興（修）建納骨堂、殯儀館及火葬場等設施，以提高殯葬設施之服務品質。

內政部於民國九十八年起規劃辦理「殯葬設施示範計畫第二期計畫」，一樣由中央政府主導，協助地方政府改善各縣市的殯葬設施不足及設備老舊等問題，其中包含持續建設具有示範效果的殯葬設施，例如公立殯儀館的目標在於增設館數，使各地居民皆有足夠的空間得以使用，因應地狹人稠的台灣社會，加強殯葬設施立體化利用是解決方法之一。

目前在台灣火化大體已經是多數人的選擇了，而火化場因為安全上的考量統一由政府設立，但火化場的數量並沒有

日本公立殯儀館，裝設典雅，環境乾淨整潔

隨著時代而改變，火化場不敷使用的情形可以說是常態，於是政府亦針對台灣各地火化場的火化爐普遍不足的情形進行新增工作，在新增火化爐的同時亦顧及環境保護，空氣汙染防治設備亦同步建設。

而台灣已推行十多年的環保多元化葬法的相關設施同樣必須更新，其中影響最大的在於公墓的建置。台灣各地的公墓在民國六十五年政府提出的「公墓公園化十年計畫」後開始有了改善，但由於公墓公園化需要先將原先葬地的墓暫遷至他處，待墓園完成公園化之後再搬回，光是要確認墓主、找出後代、聯絡、意見徵詢等等的前置作業就十分複雜，再加上墓園的設計過程需要各方專家意見討論統合、申請經費才有辦法動工，這些過程都使得墓園公園化的速度不如預期快速，直至今日雖然有許多老舊的公墓相繼整修更新，但是各地仍然有為數不少的公墓尚未更新整頓，因此仍需加強推動改善工作。

早期公墓因缺乏規劃及輪葬制度，墓式單一且墓基凌亂，為有效利用這類墓地，政府必須預計未來的土地需求，妥善編定墳墓用地，並且還要持續研訂各地區公園化公墓的開發計畫。墓園中適當規定每人墓地面積及其使用年限，以促進墳墓用地的循環利用，降低墳墓用地的需求，有效的再生利用。

公立墓園常因經費不足，而無法好好維護其殯葬品質，於是提出了公園化公墓的擁有者及使用者成立共同基金，以解決問題。但公園化公墓「專戶基金」設置問題，目前仍沒有明確的設置及管理辦法，所以還是無法達成「以墓養墓」的目標。

另外對於民眾的意見，政府也必須仔細聆聽且為其解決。其中針對公立殯葬設施建設的公共問題即是，殯儀館、公墓、火化場這些殯葬設施該蓋在哪裡？附近的土地適合與否？環境評估結果如何？會不會影響到附近的居民？土地價值和土地上的所有物價格是不是會因此下跌？不只殯葬設施附近的居民受到影響，連帶也會影響沿路經過的人們，上述這些都是民眾關心的重點，在民眾意識抬頭的情況下，人們表達意見的方式也愈來愈多元化，針對公立殯葬設施的建設問題，人們多以抗議方式向政府表明心聲，這提醒政府要去思考，如何全面規劃，才能降低紛爭，進而兩全其美。

這的確是困難的任務，需要許多面向的配合，殯葬設施雖然被歸類為鄰避設施，但仍可藉由妥當合適的配置，使其蛻變成為迎毗設施，只是未來在設置管理上必須掌握一個基本原則：回饋金補償機制。

殯葬設施的外部利益由廣大地區使用者共享，但外部成本卻由設施附近地區居民負擔。然而因部分地區補償措施或回饋制度未臻健全突顯其不公平性，則難免與民眾產生衝突。

鄰避設施的設置攸關社會大眾福祉，首先藉由專業評估，舉辦公聽會說明規劃理想與民眾充分溝通，提供適當的

高雄縣立殯儀館

回饋制度和民眾代表討論，化解抗爭。目前高雄市與台北市均有類似的妥善處理經驗，以降低其外部負影響，讓大眾共享完善的設施。

另外政府也注意到在人人平權的社會中，少數人的權益也是一樣的重要，所以為了兼顧少數宗教族群的殯葬設施需求，特別增加改善原住民居住地的殯葬設施，以及再增設回教墓園等項目，期望能協助各地方政府及相關特殊族群來滿足其殯葬需求。

法治社會，以身作則，依法行事

一個完善的殯葬設施必須建置於擁有健全殯葬法制架構之下的社會，才得以安穩施行，於是「殯葬管理條例」公布施行，此法成立的概念是為了台灣永續發展之願景，對於殯葬設施部分，除了考量公共衛生、永續經營之外，並兼顧殯葬方式多元化及規劃人性化、綠化和美化。

但「殯葬管理條例」不只針對殯葬設施部分，法令中還包括了殯葬服務業及殯葬行為的面向。殯葬服務業部分，加強殯葬消費資訊透明化以及對殯葬生前服務契約預收費用之管理，這是為了保障消費者權益。

內政部訂定「殯葬服務定型化契約範本」、「生前殯葬服務定型化契約範本」及其應記載及不得記載事項，以及「納骨塔位使用權買賣定型化契約範本」，這些都能作為消費者在與殯葬服務業者訂定契約時的依據或參考。

有鑑於生前殯葬服務契約已成為殯葬消費的重要趨勢，為加強規範生前殯葬服務契約業者，內政部亦訂定販售生前殯葬服務契約之業者須符合之要件，及相關查核機制，並督導地方政府對於生前契約業者加強查核。政府公部門的網站也有公布合法業者名單及其銷售管道，供消費者參考，減少消費爭議或詐騙事件。因生前殯葬服務契約具有一定之履約風險，為維護消費者權益，對於不法業者勢必應加強查察。

殯葬行為規範，特別就與民眾治喪過程中易產生爭議部分，予以明文規定，以同時維護家屬權益與公眾利益。

時移至今，現有的殯葬相關的法令規章已不夠完整，必須重新考慮殯葬相關法令的完整性及一致性，在法令中明確訂定政策目標。當然，在殯葬硬體設施上法令限制的修改是必要的；但除此之外，針對公部門在殯葬服務人員和行為的殯葬法令亦須改善，這可以從檢討殯葬業務人員之編制、經費的實際需求、健全事權機構等方面，統合有關業務單位去劃分權責，齊頭並進，以應政策之推行。

政策決定過程中若能廣徵基層實務工作人員之意見，想必更能貼近一般民眾在各項殯葬設施，如殯儀館、火葬場、公墓、納骨堂（塔）上的需求。建置出一套統一規定的管理辦法，才能上行下效達成法令所訂之政策目標。

推動殯葬從業人員專業化，提升殯葬服務品質

過去台灣社會對於從事殯葬行業的從業人員，因為其工作性質的特殊性，多半因不瞭解而接受程度不高，正是這樣的觀感使得公立單位的殯葬從業人員亦無法自我肯定。又受台灣社會過往的紅包陋習影響，公立殯葬部門如殯儀館、火化場等處的工作人員部分形象觀感不佳，造成外界對於公家殯葬機關有所誤解。

現今殯葬服務業的從業人員必須擁有高尚的道德品性、

豐富多元的專業知識和親切溫和的同理心，才得以勝任此工作，不像以往大家想的那樣隨便就能執業。

為鼓勵殯葬從業人員專業化，提升殯葬服務品質，內政部結合職業訓練、技能檢定及禮儀師證照三者，規劃殯葬專業證照制度架構，以合乎現代化專業服務趨勢。依據該架構，內政部研擬完成「喪禮服務」職業訓練之專業課程及訓練時數，並請行政院勞工委員會職業訓練局辦理相關職業訓練，提供殯葬從業人員教育訓練管道；另外，行政院勞工委員會已於民國九十七年起逐年舉辦喪禮服務職類技術士技能檢定，讓殯葬服務專業正式邁入政府認證的新里程。

公立殯葬機構的從業人員或許並非每個人都需要擁有多元專業的殯葬技能，但是有一個基本的要求是所有人必須具備的，那就是在肯定職業的心態上，對工作抱有熱忱、熟悉基本工作職能，以誠懇親切、一視同仁的態度為民眾服務。

在公立殯葬部門的人員訓練與管理上，政府首先加強鄉鎮（市）級的墓政組織管理工作，並充實基層墓政工作人員的員額。這是由於目前實際的墓政管理工作，大都由鄉鎮（市）公所的墓政人員負責。所以，實地的管理工作能否落實？成效能否提高？皆與鄉鎮（市）公所墓政人員的員額是否充實、工作態度是否盡責，十分密切。

例如公立殯葬單位的行政人員本就該細心服務家屬及亡者，此乃工作中應盡的本分，但是過去的紅包陋習導致社會大眾對於禮儀服務人員產生負面觀感，在政府下令明定公家

內政部主辦的「殯葬制度革新研討會」，廣邀公家機關、私人業者及學界共同參與

內政部主辦的「平等自主、慎終追遠～現代國民喪禮新書研討會」

殯葬機關人員不得收紅包的法令，並且嚴格執行後，情形已改善許多。

另外，要加強基層工作人員對於上級單位公布的殯葬相關政策目標的認識，保持兩者之間的良好的溝通機制以期能確切執行業務，解決辦法是常召開殯葬政策講習會，一方面講解政策目標，一方面能增進中央與地方實務經驗的溝通。

加強殯葬設施的設置及經營管理

過去政府在經營管理殯葬設施機構上，不以營利為目的，而是站在為社會謀福利或改善殯葬民間風俗的立場，因此依行政程序辦事，在這種情形下，執行政策的基層員工少有積極主動的表現，缺乏現代企業經營管理之理念與效率，使得政策施行速度緩慢甚至拖延。相對來說，私人企業因為競爭，壓力之下必須時時刻刻警惕自己求進步，若是停下來恐怕會出現生存危機，這和公家部門在經營態度上是有所不同的。

基於立足點的不同，不能以私立企業的標準來檢驗公部門的作為，公部門也有其難行之處，比如規劃時必須考慮預算經費夠不夠用的問題，一旦決定動工，公立機構有沒有足夠的人力能夠負責，於是像公立殯儀館、公墓的新設和改善，都有可能因為沒有足夠的預算和人手而無法施行。

目前台灣許多縣市仍有殯儀館不足的問題存在，於是因應需求民間設立了許多私人的會館，不過有些是部分殯葬業者鑽法律漏洞設立的私人會館，並不合法，對民眾而言，花了錢卻沒有保障。

為了改善此現象，政府開始強調「以現代企業精神，加強喪葬設施之經營管理」；希望透過企業高效率的精神，解決殯葬設施管理缺乏效率的困境，這也是為了因應未來有關殯葬設施的經營管理。那麼現代的企業精神如何落實在公家殯葬設施的經營管理上呢？這個問題可以從合理的殯葬文化應能兼顧土地的節約利用、都市發展的需要、公眾衛生與觀瞻，及謀求人民的殯葬福祉這些方向去思考。

直至目前，民間參與公共建設儼然形成趨勢，過去如同當初醫院太平間改善的過程，政府將設施交給民營單位做規劃，當競爭出現時就能帶來成長。未來有關喪葬設施的興建、營運，採用公辦民營的方式處理的機會大幅提高，好處是可以增加公私部門合作的機會，加速推動社會改革的腳步，一方面也能夠紓緩政府的財政壓力，提高民間投資的意願，創造雙贏的局面。

政府在殯葬改革方面，除了民間企業的幫助之外，還可以借助其他民間團體的力量，像是可以結合社會的資源至殯葬單位擔任義工的工作，如請求慈濟功德會的協助。一來可以省下行政費用支出，又可節省行政人員單位調派時所花費的時間，例如高雄市市政府殯葬管理處已招募了二十幾位義工，除了改善人力的不足，同時另一個好處是——讓社會大眾親身接觸、瞭解殯葬。

政府未來是否能夠滿足民眾對於殯葬設施要求，殯葬設施本身是否能夠提供充分的質與量會是一個關鍵。一旦民眾認為公立殯葬設施的相關條件無法滿足其需求時，便會尋找其他可能的替代場所。

公立殯葬設施若能將外部硬體設備改善，將內部軟體人員服務改進，在設施的數量方面和品質方面兼重，相信一定能夠讓民眾增加對於公共殯葬設施的信心，進而提高民眾使用的意願。民眾對於殯葬設施的接受度與其殯葬禮俗觀有很密切的關聯。因此，成功的殯葬設施營運狀況不但有主導民眾殯葬消費習慣的可能性，亦能改造民眾的殯葬禮俗觀，對社會產生的影響不可謂不大。

公立殯葬機構的遠景

目前台灣的行政區域已有了調整，未來其他的國土也可能重新規劃，目標是希望做到地區資源整合、均衡各地發展，殯葬資源亦是以相同目標做出改善，將以都會區域做出具有前瞻性且全方位的殯葬設施改善計畫。

近年來民眾的生活水準層面提升，全球熱燒的環保觀念亦反應在殯葬方面，各項殯葬設施設置和經營管理皆須注重環保；消費意識高漲及殯葬禮俗觀念的改變，使得民眾開始重視公立殯葬服務機構從業人員的專業程度，也促進服務品質的提升。

未來的公立殯葬機構走向是希望能達成殯葬一體專用特區的構想，目前宜蘭縣的員山福園是全國第一座「殯葬一元化」、「公墓公園化」、「現代化」的綜合性喪葬服務設施，可提供民眾完整而便捷的殯葬服務。未來也可以朝向成立如紀念性公園般的殯葬特區，以文化、環保、藝術、休閒、教育與倫理的概念做出人性化的殯葬設計，成就出讓人願意親近、喜愛的殯葬空間。

中央主管機關在此扮演十分重要的角色，必須秉持著社會公平正義的原則與謀求全體福利為依歸，健全殯葬法制、加強設施更新、落實業者管理及推動服務專業化，不斷地積極改革創新，研究精進，以達成全方位優質化的目標。

私立殯葬空間的未來

- 寸土寸金，殯葬設施經費龐大
- 決勝通路——便利化、社區化的殯儀會館
- 走出台灣，放眼國際
- 人才供應面的未來

現在依據「殯葬管理條例」法令，政府已經同意私人設立殯葬設施，不過這當然有所規範，比方說必須要在殯葬的特許區域裡，要離學校多少距離以上，還有殯葬設施與水源處之間的距離也有限定，鄰避的問題也要注意。

除了地點設置上周邊環境的考量，政府也同樣會檢驗這些申請的私人機構本身的財務狀況，公司各方面的專業人才是否達到條件，這些要求和規定都包含在政府頒定的法條中，通過這些規範才能保障民眾在使用服務時的權益，民眾若是想得知由私人設立的殯葬設施是否合法，或是想更瞭解相關的訊息，都可以上內政部的網頁查詢。

目前政府除了火化設施在安全、環境汙染等問題的考量上，未開放給一般私人機構，其他的殯葬設施，例如墓園、存放骨灰的設施、殯儀館，只要合乎法令規定就能申請成立。

寸土寸金，殯葬設施經費龐大

以墓園來說，台灣目前的知名私人墓園是由幾家大型的生命禮儀公司各自設立，每一家公司所設立的墓園都各自有其特色，不過這些墓園有一個共同特點，就是面積幅員遼闊。即便這些墓園並沒有建在地價昂貴的城市或地段，可是因為占地廣大，在土地的購買上若是沒有一定的財力規模是無法辦到的。

不光是墓園，存放骨灰的納骨塔的情況也是一樣，亡者火化後的骨灰裝進骨罐中置入塔內，為了能容納更多的塔位，以及讓消費者感受到莊嚴靜穆的氣氛，於是納骨塔業者重視景觀建置，塔位本身在地處，有些是依山傍海、有些是草坡連綿，皆寬敞華美，大型的生命禮儀公司設計出美輪美奐的地上建物，搭配周邊的天然景觀，營造出高尚尊貴的氣氛，雖然投入了龐大的資金但回收成果亦豐。

這種情況在台灣十分普遍，這塊市場變成只有大型的生命禮儀公司才有辦法進入，小型的生命禮儀公司缺乏資金挑戰市場，大型公司能倚靠經營墓園和納骨塔賺錢，小型公司卻苦無支撐。情況持續下去很可能造成大者恆大的狀況，吞食小型業者的經營空間。

由於台灣土地狹小，可利用的土地更顯珍貴，這樣的殯葬設施建設絕非長久之道，殯葬業者應當思考改變，另設他法來改善私立殯葬設施，改變殯葬設施給人的既定印象（只能做為殯葬用途），例如業者可以在墓園、納骨塔的其他綠化空間中，建設有關殯葬禮儀相關的圖書館或多媒體館，讓民眾能夠入館體驗、瞭解殯葬相關知識，寓教於樂以提高民眾對於設施的使用率和改善民眾的觀感。

決勝通路——便利化、社區化的殯儀會館

殯儀會館目前的用途為提供空間替亡者安頓身後事，例如提供場地讓家屬能請宗教師為亡者誦經，或是提供場地豎靈，解決多數都會區的家中空間不足的問題。所以，殯儀會館是有空間上的需求，甚至許多會館常處於額滿的狀態。

這是由於許多人在最後盡孝的時刻，希望亡者在這人生的最後一段能享受到高級和人性化的服務，於是多數家屬會選擇私人會館處理殯葬事宜，目前在台灣的辦喪幾乎呈現如此的情形，另一方面改善了公立殯葬設施的不足。

台灣過去在家辦喪的習慣，至今在較為傳統的、人口不密集的地區仍然可見，因為空間較大，喪家辦喪不易干擾到其他人，例如舉辦法事的傳統樂音，若是在都會區人口稠密處，容易造成噪音影響鄰近居民，都會區也明文禁止了這項習俗。

但隨著台灣經濟不斷成長發展，台灣社會也從早期的農業社會轉型成工商業社會，現在的台灣更要朝向新的社會型態前進了，那麼將會有愈來愈多的地區被開發，屆時傳統的殯葬禮俗必然會跟著有所改變，殯葬業者現在就要先思考並規劃未來的因應方針，才能順應時勢，繼往開來。

資訊流通，民眾對於便利的生活和及時的資訊取得會習慣成自然，那麼殯葬業者必須想像未來要如何運用通路，才

能讓民眾最快得知殯葬相關資訊，當你比別人快的時候，就比他人更容易搶得先機，未來將會是效率的競賽。

會館便利化、社區化，是為了彌補公設殯葬設施的不足，便利民眾。殯儀會館若是要社區化，首先要克服的是土地取得的問題，再來是建設的方向要有所轉換，這可以參考連鎖便利商店的經營原則，每一座會館空間的大小依照建置地區的人口數來衡量，會館本身的風格設計和提供的殯葬服務在地化，讓在地人有親切的感受，進而獲得他們的接納與支持。

會館提供的服務也必須精緻化、選擇多樣化、儀式彈性化，朝全面提升的方向努力，讓民眾走進會館想找尋服務時，能有賓至如歸的感受。達成以會館串連起的廣大通路目標後，再來下一步的目標是擴大服務的可能性，未來私人的殯葬業者希望能做到成立殯葬特區，將所有殯葬過程全部囊括入內，從接體後直接運至私設殯葬空間，裡面包含大體的冰存室以及其他相關設備，能夠依照亡者或家屬的心願，為亡者做後續服務。

現在台灣仍多數將大體冰存於殯儀館內，民眾若是想為亡者進行禮體淨身，得申請將大體從殯儀館內運出的手續，淨身完成後再度進入殯儀館必須再度申請，這樣子一來一往的手續讓許多人覺得瑣碎麻煩，也有人擔心運送回來的大體會不會不是原來的家人了，遺體的管理也屬於殯葬服務的一部分，這一門學問從殯儀館成立開始就一直不斷地修正，過去曾有燒錯大體的失誤，於是改進的方法是為亡者掛上手環，以利辨識身分；但也曾發生因為家屬沒有確認清楚，結果還是燒錯了大體，於是之後一定要經過家屬的確認然後簽名，才可以放行。這些都是從錯誤的經驗中學習得來，儘管是必要的過程，但是手續繁雜缺乏人性化也有擾民的疑慮。

殯葬一元化專區若是未來能成立，喪親者將亡者大體直接送至私人殯葬特區，在區內和禮儀師協調，在統一的系統內接受服務，區內建置一套電子化的管理系統，確保亡者大體在各個不同部門間都能以簡便迅速的方式完成身分確認，免去家屬的疑慮和行政作業的繁瑣。

殯葬專區內理想目標是將從接體開始以及之後的殯葬過程，直至火化入葬都包含在內，若是能將服務全部留在本身

位於高雄岡山區的五星級民營殯儀館——吉園願行館

願行館的內部經過巧思設計，打造出有如五星級飯店般的殯儀館

挑高計設讓願行館展現氣勢，希望讓來訪的家屬倍感尊榮

所屬的單位中，對於業者是更方便管理也能節省支出，對民眾而言相對便利，例如前些章節曾提到過日本有葬祭會館，就是類似的利民概念，不只是存放骨灰罐的空間，還提供五星級的食宿給來祭祀的親友們，不僅給了親友們方便還給了貼心的感受。

走出台灣，放眼國際

台灣屬於海島型國家，擁有四面環海、交通便利發達、族群多元等等特色，到處可見形形色色來自不同國家的人們，台灣熱情善良友好的特質也使許多外來族群的人願意在台灣落地生根。

接待參訪的貴賓，介紹「人生典籍」火化棺

許許多多的文化交流刺激著台灣各方面的成長，其中在殯葬禮儀方面，雖然說殯葬業是屬於本土在地化的產業，源頭是從自己的民族和鄉土中長成，可是經由來自國外的潮流影響之下也產生了改變，從中學習了國外的優點提升自身的品質，比如向日本學習服務人員的敬業精神和待人處世之道，讓民眾能感受到台灣的禮儀服務人員的素養品質有了大大的進步。

台灣的殯葬業者向外取經努力吸取國外的長處，至今也已小有所成，台灣的殯葬業者在亞洲的地位也屬先進之列，台灣殯葬業者應更加肯定自己，在持續學習國外優點的同時，也要多多保存台灣獨有的殯葬文化特色，例如儀式的豐富多樣性：台灣雖小，在同一塊土地上卻有著各地方不同的殯葬習俗，若是能妥善地發展儀式意義，使之與時俱進，亦

與國際殯葬業者交流，提升自我，不斷精進

萬安生命榮獲亞太區殯葬業大獎

不失為一種台灣獨有的殯葬文化。

穩固台灣本身的殯葬文化，業者應把自己定位在不斷超越向前的位置上，開始從擁有相同文化的國家拓展，一步一步將台灣的殯葬文化影響力散佈出去。

人才供應面的未來

台灣過去的殯葬從業人員大多是自己家族裡的成員，或是介紹朋友進來，形成了感情緊密的家族事業，這乃起因於殯葬行業在以前的人們心中的地位低落，少有人願意從事相關產業，於是變成只有本身曾有接觸殯葬產業的人願意擔任職務，但現今台灣社會對於殯葬產業已漸漸改觀，近一、二十年來，殯葬產業的人力開始有了轉變。

殯葬第一線服務人員的招募在民國八十六年到八十七年間都以報紙徵人廣告為主，接著人力銀行出現後，開始以電子履歷的方式招募人才，影響求職者願意前來的因素之一是來自於公司主打的清新廣告，扭轉了外界對於殯葬產業的負面既定印象；另外一項原因是和其他傳統產業相比，禮儀服務人員的薪資待遇也較為優渥，工作內容深具挑戰性，吸引了不同科系背景的人才前來應徵。

一、學界、政府培養殯葬人才——投入新血

近年來產、官、學三方各自在為殯葬事務努力，也各有所成果，三方互相配合相輔相成，例如人才的培育方面，學界一直不斷地向政府提出申請，在大專院校成立殯葬相關科系；政府也協助學校開設殯葬學分班或研習班，讓有興趣的人能夠研修學分，拿到學分證明後參加政府實施的證照考

試，畢業於相關科系的學子也同樣得參加政府舉辦的技術士證照考試，有了國家的保證求職更有保障。

業界也開始在專業禮儀服務人員的人才招募上，優先選用相關科系畢業的學子以及擁有證照的人，以前的對外徵才，業者都是被動的等人才上門，或是徵人啟事送出很久後才有人來應徵，但是現在業者會主動前往勞委會或是學校開設的學分研習班擔任講師，跟學員認識溝通，如果其中有優秀的人才，業者會邀請他們到公司實習，完成後再詢問他們在公司任職的意願。

在條件設定明確的狀況下招募進來的員工通常流動率不大，殯葬禮儀服務人員大多能很快就決定好自己是否真的願意從事這項工作，第一是工作時間很長，第二是要面對亡者第一時間的狀況，這兩項挑戰若能通過者，往往就是真正有心且能待下來的人。

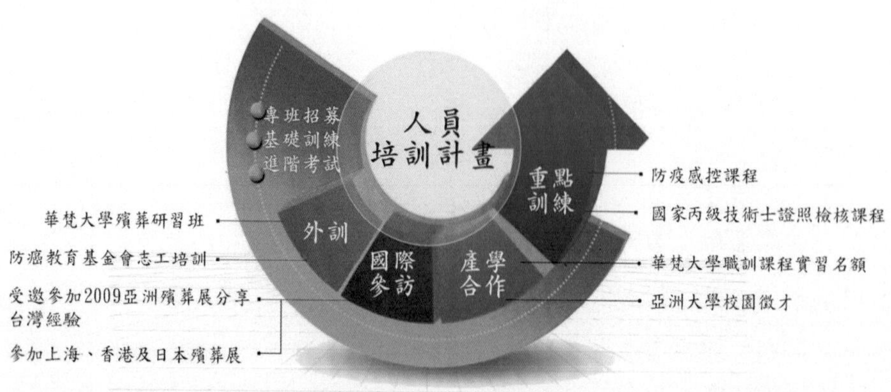

多元化的培訓計畫

以往因為有許多人並不瞭解殯葬事務就投身此業，往往會無法接受殯葬業的工作性質而離開，導致人才培育不易，但現在有了殯葬科系和證照學分班的培養，新進員工早已有了心理準備，不至於半路落跑，殯葬相關科系畢業和曾有過工作經驗者的加入，使得殯葬產業的人員流動率降低，獲得穩定。

二、各類專業人才的加入——人才專用

殯葬產業由原先小型的葬儀社慢慢發展成大型的生命禮儀公司，公司員工的人數可能原先只有個位數，發展至今已有百人，在人數眾多的情況下，管理方面必須開始組織化以因應企業的效率，於是後勤單位和服務單位的分工都愈來愈明確以及細緻化。

公司部門分工細緻化因為原先可能是人數少，所以員工個個必須是通才，什麼都要會才能應付各種狀況，但是如今人員增加，可以有效分配人力，人員能夠專精於一個項目，那麼在招募人才時，就能以直接招募專才為要。像是第一線的禮儀服務人員和後勤的財務管理人員所要求的條件便完全不同，企業需要的是擁有專業相關技能的人。

而服務的精緻化也讓人才在各自的專業上分工更細，針對整個服務過程中的細節會需要再度增加人力，比如說過去的奠禮，家奠完畢後接著就是公奠，現在兩者之間多了一個讓參與者休息和瞭解亡者過去一生的階段——回憶重現，於

是生命禮儀公司必須要有製作回憶光碟的人，這樣的人才必須要擁有軟體的技能，還要有能表達藝術美感的能力；又例如研發的部門，需要有瞭解殯葬服務與商品研發的人才，比方是擁有設計科系背景或相關工作經驗的人。

就連公司的管理階層也是以同樣的方式徵才，過去生命禮儀公司幾乎只重視禮儀服務人員的部分，而今發展成企業化的模式，開始需要廣告人才、研發人才、財務管理人員……，於是殯葬業者開始依照所需要的職能，找尋相關科系專業人才，或是在職場上做過相關職務的人，形成人才專用的趨勢。

未來在每一個殯葬環節中都需要不同專業的人才，例如近年來開始興起的禮體淨身，服務過程中就需要不同類型的人才，比如以往的殮工都是土法煉鋼的學習，但是現在的禮體淨身的人才分工更細，面容修復的人才要有一定的醫學基礎，才能判斷及告知家屬大體重建的一切可能所需；另外，梳化人才必須具備美容師或美髮師的執照，美容部分其中又新增了服務所需的職能，如美甲師、精油推拿師。

在喪親者的心理輔導關懷部分，以往由禮儀師來分擔，現在有了更專業的人才來擔任。在提升民眾對於殯葬事務的瞭解方面，業者也舉辦了生死關懷營，計畫的安排和施行就需要旅遊和設計課程的專才，這些新興的服務內容和殯葬產業的精緻化有著極大的關係。

未來在殯葬產業的發展中仍會不斷地追求精緻化，滿足

消費者的客製化需求，業者的經營發展必須仰賴後勤人員的支持，如此一來，整個殯葬體系人才的供應，將會結合來自各行各業的專才，共同建立出完整的殯葬產業系統。

各層面的未來趨勢

- 經營管理
- 服務的未來趨勢
- 消費的未來趨勢
- 研發的未來趨勢
- 學術的未來趨勢

過去沒有人能夠想像殯葬產業會搖身一變成為未來炙手可熱的黃金產業，這是由於多數人沒有辦法預見時代的潮流。現在台灣的殯葬產業正是飛快進展的時候，所有人都認為前景看好，但此時正是重要的關鍵時刻，在時代洪流當中能走得長遠的人，都是在競爭中懂得把握的先驅者，所以擁有精準的眼光能掌握趨勢的脈動、以不疾不徐的步調穩紮穩打的人，才是最後能擁有成功的人。

經營管理

生命禮儀公司的前身多是傳統的葬儀社，以往的執業模式是有人過世就去接體處理，少有各方面的全盤規劃，對於殯葬業工作的本質屬於服務業這一點是幾乎沒有概念的，這是由於殯葬過程中需要運用到勞力，一般人就直接以工作特質來區分，將之納入工人的行列。

以往傳統殯葬業者執行的業務重點也多只是處理亡者大體，於是即使本身已是殯葬從業人員卻和一般民眾一樣都忽略了——殯葬儀式的過程除了要安頓亡者大體，還有更重要的背後意義，那就是周到儀式之下得到的心靈撫慰，這必須在人（服務的人）、事（禮儀的儀式）、物（儀式的禮器）三者配合得宜的狀況，才算完滿。

這三者首要改變的是人的部分，從事殯葬的人員有了自覺開始改變之後，接著帶起儀式方面和禮器方面的改變，結

合這三者的表現來告訴接受服務的人們，殯葬產業成為了一種全方位的服務產業，在自我認知的覺醒之後，生命禮儀公司在經營管理上開始有了嶄新的方向，對未來做出規劃。

一、從過去看現在——業者和消費者的相互配合

有覺醒要成長，自然會邁入改變的道路，全然的革新也是奠基於過往的基礎，加以改進。檢討自己，與他人相比，有什麼值得留下的部分，又有什麼是必須提出來檢討改善的部分。比如說早期的殯葬產業不明白業者和消費者之間互動的重要性，許多民眾辦喪時是透過鄰里的介紹和支援，因此葬儀社藉由「轉介紹」的模式，建立起自己的人脈網絡，部分業者認為人終一死，殯葬產業不愁沒生意可做，於是並不在意本身的優缺點，也就是沒有產生危機意識，所以殯葬產業維持原樣不動有好一段時間，直至都市化的形成這種情況才出現轉變。

都市化的特徵之一是：城市中即便是鄰居，也大多是彼此陌生的。如此一來，消費者少有透過熟人的介紹尋找葬儀社；社會風氣沾染上商業氣息，民眾也開始重視貨比三家的道理，此時的生命禮儀公司抓住趨勢，在民國七十六年開始了「價格公開化」，消費者要的是明確的、透明的選擇，早期的一場喪禮辦下來常是費用驚人，民眾卻不知道錢花去哪裡了，為了消除消費者心中的疑慮，讓消費者安心，於是朝著殯葬價格公開化的路前進。

不過這花了一段時間才達成，現在大部分的殯葬業者已把儀式所需的價位選擇向消費者坦誠布公，如此一來消費者掌握更多、更大的自由，反過頭來以消費行為促使殯葬業者持續努力進步，業者也能以此建立起消費者的信賴感，交相作用之下不但穩固自己在市場的地位，還能樹立口碑吸引更多的消費者。

重視消費者感受及權益，將殯葬資訊公開化和殯葬價格合理化，這是一家生命禮儀公司經營上對外最初始的行動，同時間對於公司內部也必須一併改進，跟上時代的變化。萬安生命從一家僅有十數名員工的公司，至今已成為擁有數百名員工的企業，這樣的轉變有賴於公司內部經營策略不斷地改進更新。

首先是為了提升公司效益的數位化，公司內部上下之間傳遞訊息的速度，因為數位化的加入而變得快速，相對就省下了溝通的時間，達到充分的時間利用。再來是人力分工的準確性提高，公司員工人人各司其職，既能專心一致又不會互相干擾，工作效率又能再往上提升。公司內部從上到下依工作性質分門別類，建立上下從屬關係，一方面由上位者以身作則給予核心價值觀，培養同仁對公司的忠誠度，另一方面架構出階級明確的組織，以便穩定管理。慢慢出現一套規則流程可供公司內部同仁依循，在標準化的行事模式中將錯誤的可能降至最低。

並且建置公司內部的查核制度，如同政府對各個殯葬業

者定期施測的評鑑，生命禮儀公司自身對內部人員、硬體設備也必須規劃出檢討的準則，以求改善進步，這也是一家公司是否成熟的依據，定期定項地對自己提出檢討，並接受公權力的檢測是一種對消費者負起責任的表現。

二、從現在看未來——往昔緣份成就未來發展

有了過去建立的對外經營基礎和對內的管理模式，殯葬業者當然不能就這樣停下腳步，仍然必須隨著時代繼續前進，在未來的經營目標是要將經營版圖向外拓展，首先從不同的通路去接觸消費者。萬安生命是專門協助處理殯儀事務的生命禮儀公司，實際上的服務多是從人過世那一刻就開始了，而現代人通常是在醫院裡離世，萬安生命因為堅持有品質的服務，在心態上做出調整，也實際在硬體設備和服務環節方面做出改善，因此贏得了多數醫院的認可，是全台據點最多的禮儀服務集團。

除此之外，萬安生命也主動發展其他管道去接觸大眾，其中與科技化結合的作為就是網站的建置。公司建置操作方便、簡易又美觀的官方網站，網站內容有第一手的殯葬相關資訊、發佈公司的公益活動、產學資訊和服務新知三方面的資訊，也有公司最新的動態訊息，成為民眾能夠瞭解殯葬服務的管道之一。

在實體通路的部分，更進一步積極地在各處設立據點，希望能做到讓民眾只要想瞭解殯葬服務就能馬上想到萬安生

命，期盼殯葬相關的一切事宜不再是眾人懼怕的事情，而是生命終程的關懷服務，是和生命緊密連接的一部分。

目前萬安生命的服務據點以各地區的服務處與會館為主，服務處的駐點幾乎全台皆有分布，會館則是在北部，由於過去還未轉型成為生命禮儀公司之前，是以北部為出發點，服務對象亦是以北部居多，從北部建立基礎逐步將服務觸角往中南部延伸，目前中南部服務據點相對北部較少，未來仍有很寬廣的發展空間。

要做到讓民眾隨處可見萬安生命的服務據點，必須在台灣的中、南、東部各地積極拓展。不過建置新的服務據點需要縝密的事先規劃，因為設立時得考慮到是否能找到合宜的地點（鄰避作用）、是否能符合土地和資源的有效運用等等

萬安生命會館大廳，明亮且寬敞

因素，全盤考量評估後才能準備設立的事宜。

萬安生命的經營管理文化的另一項重點指標是「堅守合法」，也就是說，除了業者和消費者之間還有一個第三者——政府的公權力：公立機關立法上限制規範的介入會影響生命禮儀公司的經營管理，適法性成為民眾安心消費的依據。業者和政府之間的溝通管道是每個縣市的殯葬禮儀協會，協會並不會直接影響到私人的經營和管理，但是公家機關有任何的政令訊息公布要讓業者知道，都會透過各縣市在地的協會來傳達，做為一個溝通協調的窗口。萬安生命也一向和禮儀協會保持十分密切的聯繫。

要建立消費者對品牌的信賴感，遵守法規是基本的原則之一，公司堅持在合法的情況下規劃殯葬的相關措施和建設。像是生前契約剛風行台灣時，部分同業沒有登記立法就已開賣，萬安生命並未跟進，直到政府將生前契約相關法令建置完成後，萬安生命成為了全台第一家通過合法規範、具有三千萬資本額和足夠服務據點，得以銷售有所保障的生前契約的禮儀公司。

「合法」是企業一貫的堅持，因為萬安生命是以十分嚴謹的態度尊重自己的職業，也相信以誠心的態度和實際作為能夠提升消費者對於殯葬業的整體印象。

三、瞬間萬變的殯葬未來，始終如一的人性經營

萬安生命在執業態度上保持著一貫不變的認真和嚴謹，

在經營管理上則是時時保持可變動的前瞻性眼光，因為經營管理上的一步改變，帶給殯葬業者本身的影響可能是巨大且連鎖的反應，務求精準。

時代的科技化使得各行各業都受其影響，殯葬業者也順應大環境有了改變，像是公司內部全面數位化，讓資訊流通更快速，人人手中有一台平板電腦也已經可以預見，屆時外勤人員和內部員工之間的聯繫將更加暢通快速，和消費者之間也能連接得更加緊密。

訊息流通的快速讓民眾可以即時給予禮儀師回應，告知仍需加強之處，使生命禮儀公司的內部稽查管理成為以客戶

設置電子看板，以科技的便利性服務家屬

為導向，並且要十分具有彈性足以隨時更改變動，以因應源源不斷的顧客意見。

一家企業在經營方面的方向雖然是以營利為目標之一，有營利收入才有辦法持續經營，但是萬安生命在心態上是秉持——「待客如親，視逝如生」的熱誠來服務消費者，而不單單只是想著要如何獲利，因為殯葬產業已經轉型成為殯葬服務業，加入了大量的「人」的因素，對於人的關懷是殯葬業者該重視的一部分。

像是台灣在民國九十八年時八八風災重創了中南部，災情慘重、死傷者眾多，一得知情況，公司立即自動發派距離災區最近的南部同仁至現場服務，由於災情重大現場一片混亂，所以由當地的殯葬公會出面協調人手支援，萬安生命被分配的工作是招認大體的服務，除了現場的第一接觸服務，在第一時間內向所有同仁募款了八百多萬，將所需物資送進災區，協助後續救災工作。

因為關懷社會、人群，萬安生命進一步把心態和行動都拉至更高的境界，將公益納入企業的一部分，這更是回到了公司成立的初衷——從人性化出發，取之於社會，用之於社會。萬安生命以身作則鼓吹大眾心中有愛、回饋社會，從民國九十七年起發動「捐棺助貧」的活動，希望由本業出發領頭做出示範，向社會大眾傳達「人人只要有心都能關懷他人、幫助生命」的訊息。

服務的未來趨勢

民國九十九年上映的台灣電影《父後七日》，故事內容描述一位失去父親的女兒，在父親過世後的七日內所經歷的種種，電影中女主角形容為「人生中最最荒謬的旅程」。在逝父的傷痛之外，講的正是台灣本土傳統的殯葬禮儀所帶給她的衝擊和不解。電影中女主角的父親過世後，請來了熟人道士和一位和從事殯葬工作的女伴，兩人替不懂殯葬事務的女主角打點張羅了整個喪葬流程。

電影寫實地拍出了傳統台灣社會的殯葬禮俗，特色是儀式繁瑣冗長，殯葬人員或許知曉殯葬儀式背後的意涵卻不曾向喪親者解釋，於是電影裡的女主角只是聽從道士和其女伴的吩咐，一個口令一個動作，其中讓人發噱的橋段是：女主角不論是在吃飯、睡覺，或是在上廁所、刷牙，只要一聽到道士喊：「來哭哦！」就得立刻放下手邊的事情，以最快的速度奔到父親的靈前或棺旁，大哭特哭一番，口中還要不停地叫喚著父親；可是在父親死後的七日內，這樣的情景實在是重複的太過頻繁，以至於到後來女主角還可以邊哭邊吃飯、邊哭邊刷牙，這個橋段讓很多觀眾都笑了。

或許情節過於誇大，但真實情況卻也可能相去不遠，許多喪親者不曉得儀式背後的意義，於是對許多儀式不能理解，這個橋段也曝露出台灣傳統殯葬儀式過於僵化的缺點。

《命運化妝師》電影一開頭就上演殯葬業者為了搶生

意，不惜飛車闖紅燈，只為了比對手更早抵達到車禍現場，當飾演萬安生命的禮儀師秉著同理心去關懷車禍喪生者的家屬時，竟遭到另一家業者的禮儀人員嘲諷，這種只顧著競爭，卻忘了以同理心關懷安撫生者的同業，在過去也是時有所聞。

要圓滿地為所愛之人辦好身後事，人、流程和意義這三者就必須得良好並且周密地結合在一起。電影中的殯葬過程一樣是三者兼具，之所以讓人感到荒謬可笑的原因是：這三者並沒有完好地結合在一起。女主角對於繁瑣的儀式規矩完全不瞭解，只是聽令行事；也因為不瞭解，於是這些原先能夠幫助女主角紓解悲傷情緒的儀式，都無法發揮作用。

現在台灣社會中還是有像電影裡一樣的傳統殯葬習俗在各地上演著，但是也已經有許多人察覺到過去的殯葬儀禮其實有些是不合用於現代社會的，而且愈來愈看重從事殯葬工作的人員之服務態度，並且對於儀式的意義開始提出疑問。

一、傳統儀禮的改變

台灣跟著世界的脈動，經濟開始起飛也進入都市化的歷程，人們的生活型態有了巨大轉變，也因此影響了殯葬產業，改變是業者勢在必行的行動。

舉「守喪」為例，首先是時間長短的改變，過去依循傳統習俗守喪必須要做滿七七四十九天，從親人過世開始要為之守喪七日，稱作頭七，禮俗上一定要做滿七天，而接下來的七日稱作二七，則是必須在亡者死後的第十四天開始，第三個七要在第二十一天的時候，以此類推，總共要做滿七個七，共四十九天。

但是現在做七禮俗已經不一定要做到四十九天，以居住在都市的人來說，平均整個殯葬時程，從死亡、火化、奠禮到晉塔，大約十五天左右，比較傳統的做法大概長達二十天至三十天，而遵照古禮守喪滿七七四十九日者，已為少數。這是由於在工商業的社會、激烈的競爭環境下，時間十分寶貴，一般的公司無法讓職員請太久的喪假，大家為了工作不得不把守喪時間縮短。

不過守喪期間的頭七大家都還是會遵守禮俗，之所以如此，是因為傳統觀念根深柢固，認為人在死後的第七天會回到家中，所以不管再怎麼減縮守喪時間，也還是會做滿七天。但是二七以後的七便逐漸消失了，一方面是為了配合現在社會的腳步而做出改變，另一方面也是因為做七是一個口頭文化，在沒有紙本傳承的情況下容易失落，於是乎現在的人大多選擇，除了頭七之外的其他每一個七日以擇日擇時的方式守喪，意即不一定要每個七都做，也不一定每一個七都守滿七日。

電影《父後七日》中表現出現代人忙碌於工作的生活，以至於影響守喪時間。女主角在請喪假的守喪期間還必須應付工作上的客戶。結束七日守喪後便馬上投入工作，甚至讓自己變得比以前更忙，女主角想讓自己忙到沒有時間悲傷，

這也顯示出守喪時間的長短是會影響到一個人情緒的恢復程度。

站在殯葬服務業者對喪親者關懷的角度，除了在儀式禮俗進行過程中，將整體流程安排妥當，還必須協助喪親者紓解其悲傷沉重的心理情緒，以往在殯葬過程中把焦點都放在亡者的大體安頓上，很少關心喪親者的心理問題，但近年來觀念已有改變，優秀的禮儀服務人員應該以「生歿兩安」為其使命。

也有殯葬業者注意到過去千百年傳承下來的殯葬古禮，其實蘊含了許多撫慰喪親者情緒的功用。好比古時孔子認為須守喪三年，近代守喪期為七七四十九日，這是因為時間是治癒傷口的良藥，在長時間的沉澱之下，喪親家屬的心情會慢慢平靜，也可以在這段時間整理情緒，思考未來的規劃。

二、以客戶需求為執業的第一考量

服務的趨勢由原本只注重亡者本身的安頓，到現在生歿兩安的概念，未來持續保有兩者並進的路線。

以守喪為例，過去多數人在人皆有靈的觀念之下，覺得人死後亡靈還在而且必須和身體擺置在一起，不能分開；可是現在的觀念已經可以將兩者分開，把大體留置在殯儀館，而牌位安置在家中，亡者的身靈可以分開，不但符合公共衛生，而且儀式變得彈性，亡者大體能夠先處理，再來安頓精神。

未來的服務趨勢在空間和時間上都擁有極大的彈性，以順應不同的消費者需求，舉豎靈的靈堂為例。以前是將靈堂設在家裡面，後來改設在殯儀館，亦有人將靈堂設置於往生室內，空間不斷地轉換變更。直至現在，已經有私人的殯儀會館建設專門的場地，其中可以設置靈堂，提供客戶一段時間的豎靈服務。空間的規劃讓不同宗教信仰的喪家都有各自獨立的豎靈空間，不至於互相干擾。

私人會館提供的靈堂，給予消費者新的選擇，許多在都會區生活的人們，家中沒有足夠的空間增設靈堂，也可能因為上班時間不固定，無法配合公立殯儀館開放的時間，會館的設立解決了這樣不便的問題，讓消費者能更有彈性地運用時間與空間。

未來在這種趨勢的影響之下，會館將形成新的潮流，需

典雅寬敞的豎靈區

求量會愈來愈大。現在的會館最主要提供給消費者使用的是殯葬用途的場地，也有許多的私人會館還提供了殯葬過程中不同階段的儀式服務，譬如從醫院接回亡者大體後，有專門的停放空間，並且在專屬的空間裡為亡者助念或進行其他法事。

不過除了私人會館的需求量可能大增之外，台灣未來的私人會館服務內容可能會仿效五星級飯店，擴大原有服務的範圍，把食宿的服務也全部都含納入內，提升為具備飯店功能的殯儀會館。目前在日本已有設置這種殯儀會館，能讓遠道而來參加奠禮的人，吃個回食、休息一晚，再啟程返家，

日本的奠祭會館，宛如五星級旅店般的舒適

如此貼心的服務是未來的趨勢。不過這種類型的殯儀會館，在建置上仍得考慮許多其他因素，如鄰避問題，像是日本，就不允許大體進入會館，以此降低民眾的疑慮。

三、生死的專屬顧問師

上述曾提及喪親者在整個殯葬儀式進行的過程中和治喪結束後，都需要悲傷療癒的心理輔導，萬安生命也同樣看重這一點，未來希望能夠逐一完成悲傷撫慰的機制，於原先已有的社區讀書會、禮儀服務人員的轉介協助服務上再加乘，目標是要成為生死的顧問師。

如同現今許多家庭都擁有自己的家庭醫師，十分清楚地瞭解每位家庭成員的健康狀況，和家庭成員建立彼此信任的關係，提供成員親切且專業的健康諮詢；生死顧問師也是相同的概念，期許能夠成為民眾專屬的、有關於生死方面任何問題都能諮詢的單位，資訊的流通性就像是身在你我周遭的便利商店，這是未來萬安生命努力的方向和目標。

公司現在也正推行窗口統一、主動關懷的計畫，希望能夠讓家屬在面對繁瑣的殯葬事宜時，和生命禮儀公司的聯絡溝通方面更加順暢協調，由一位禮儀師以平板電腦向家屬說明整個殯葬過程及其費用，由禮儀師主動服務家屬，每天禮儀師至少以一通電話聯絡家屬，不管內容只是一般的問候還是有關殯葬規劃的問題，都必須讓家屬感受到主動的關心。部分同業在面對家屬時，可能在奠禮結束後就不再主動和家

屬聯絡，把和喪親者之間的互動單純地看作是一場交易，交易完成彼此之間的關係也就跟著結束了，萬安生命則是認為應該秉持待客如親的態度，給予喪親者全程的關懷和照顧。

另外，目前急需努力的目標是做好因應老年化社會的未來規劃，由於台灣人口結構的老化，每一位青壯年要負擔扶養的人口只增不減，這對很多人而言是一個沉重的負擔，怎麼樣幫助這些人減輕肩頭上的重擔，讓他們沒有後顧之憂地扶養家中的老人家，或是為老人家做其他的生死規劃，已有部分的歐美國家建置好許多照護老人的相關規劃，台灣雖然也已經發展，但尚未完全，例如台灣也有「養生村」這樣類型的機構，那麼殯葬業者在這個方面能夠做到什麼呢？

未來萬安生命不僅希望可以協助這些青壯年，也幫銀髮族做出更好的規劃，更要站上置高點，從更高的角度來看待思考，一方面要把對象拉得更遠、更廣，提供民眾透明化的資訊查詢，另一方面要將生死顧問師化概念為具體，得到眾人的信賴和支持。

消費的未來趨勢

消費和服務兩者之間是相互連結、彼此影響的，消費能力不同的客層會產生不一樣的需求，生命禮儀公司就得因應設計不同的服務，藉由這些服務來滿足消費者，接著從服務消費者的過程中，找出需要改進的部分加以修正，發展出更好的服務來吸引消費者；從消費帶動服務，再由服務滿足消費。

一、身分有別，消費方式大不同

未來的消費形態，可能會出現的狀況要比過去複雜得多，因為台灣早期是農業社會，生活較為單純，在殯葬方面也同樣單純，當人往生後，眾人大多能依循前例行事，不過現在的台灣社會已經有所不同。

如今台灣社會已經從工商業的樣貌，即將邁入下一個產業轉型的階段，其中一個特徵是人口移動的頻繁，不論是在教育方面還是就業方面，都有愈來愈多的人到世界各地留學或是工作；台灣也因為發展觀光、服務業，吸引許多國外的旅客，造成人口不斷地流動，這正是台灣邁向全球化一個很重要的現象。

因此對於殯葬產業的消費者之身分會呈現愈來愈多元化，使得生命禮儀公司必須因應消費者的種種差異，規劃出各種不同的殯葬方式，例如在宗教上的差異，目前生命禮儀公司已經能夠配合佛教、道教、台灣民間信仰、天主教、基督教、回教的殯葬儀式，規劃一套完善的儀禮供消費者選擇。

另外，消費者不光只有人類，現在還多了寵物。近年來寵物殯葬愈來愈風行，許多人對於他們的寵物疼愛有加，將他們當作家人一樣看待，寵物的過世就如同是自己的親人

隨著社會結構改變，為寵物舉辦殯葬儀式也將成為趨勢

過世一般的傷心難過，他們以捨不得的心情為寵物舉行葬禮。而一切葬禮的行程都比照對待家人一般，包括有遺體美容、各式葬法的考量都在其中。業者也比照提供人類的殯葬服務，許多寵物的服務紛紛出籠，比方寵物墓園、寵物納骨塔、寵物的生前契約、寵物的冥紙等等，雖然亡者是寵物，不過實際上做出決定、消費的還是寵物的主人們，這些主人失去寵物的心情就如喪親般的沉重，業者也應將心比心，盡力透過寵物殯葬的儀式，安撫主人們失落悲傷的情緒。

替寵物辦葬禮已然成為一股趨勢，業者已構思規劃完善良好、適用於寵物的殯葬禮儀制度，以因應市場需求。

日本為寵物殯葬所研發的火化設備

二、消費能力的高低

台灣民眾在殯葬方面的消費，與世界整體經濟脈絡和台灣的經濟發展息息相關，全世界許多的先進國家都朝向M型化社會發展，富者愈富、貧者愈貧的現象在各國持續發生，在台灣也已可見M型化社會的出現，幾乎各行各業都受此影響，面對的客層呈現兩種極端，不是高階層的客群就是低階層的客群，位居中間的人們愈來愈少，而且也正不由自主地

朝一側靠攏。

隨著M型社會不斷走入極端的發展，富有的人會變成少數人，而貧者卻有可能愈來愈多，如此一來會形成一個龐大但經濟效益卻不高的市場。目前的生命禮儀公司大多已經針對頂級客戶，推出許多高級的服務內容；可是關於如何維持經濟弱勢的人們，在殯葬服務上也能享有一定品質水準、受到妥善照顧這一點，許多業者並沒有花費太多心思。順應社會趨勢，生命禮儀公司應該建立一套完整且具彈性的服務流程，提供負擔較低卻仍能維護其尊嚴和需求的殯葬服務，以滿足其需求。

殯葬儀禮隨著時代改變，現在家庭通常若是遇到殯葬一事，家中能夠作主的人大概是三十到四十歲之間，以往的社會大多是由家中最年長的長輩來發落事情，而且早期喪禮的習俗因為仍維持傳統，大半的人會選擇搭棚、需要很多的法師等等，所以過去的殯葬消費往往花費在這些人力開銷和勞務開銷上，最後結算下來往往是一筆可觀的支出。

可是現在隨著台灣社會發展，許多地方已變成都會區，和過去處理殯葬的方式有所不同，現今根據各縣市政府規定不能在屋外馬路直接搭棚，場地多是以殯儀館為主或是在醫院往生室，和過去相比，少了搭棚、辦流水席或是做法事等等的費用，價錢較為精省，殯葬費用慢慢固定下來，而到底一場喪禮辦下來要花費多少金額才合理，政府也有將統計過後的平均價格公布，民眾可以直接上網查詢。

日本的喪禮都辦得精簡、不鋪張，台灣目前處理身後事的做法也趨向於精緻簡單化，這是由於喪禮主事者的年齡層已經來到中生代，觀念在接觸四面八方的眾多資訊中開始有了轉變，瞭解殯葬禮儀可以隨著自身的狀況而有所改變，在最後這一刻的盡孝並不一定要把所有的法事做滿，也不一定讓自己去完全配合傳統習俗，而是要在傳統中找出適合自身的殯葬儀式，這個觀念呈現出來的趨勢就是精簡化。當然這種現象也受到來自於整體經濟的影響，大多數人沒有多餘的預算，選擇眾多的儀式和禮器來辦一場所費不貲的豪華葬禮，那麼秉持盡孝的心情送親人走最後一程，許多人選擇回歸一場葬禮最主要的精神——莊嚴肅穆，簡單隆重。

永恆的眷戀——以骨灰製成的生命鑽石

三、環保意識的影響

除了因為消費能力而導致儀式的減少精簡，還有另一個原因影響了消費者的消費選項——環保觀念的重視；現在為維護我們全人類的家，全球的環保意識都開始高漲，台灣當然也不遺餘力，政府不斷地倡導在殯葬方面也要做到環保，於是過去有一些可能會造成環境問題的儀式漸漸地減少，或是經過一再地改良。

例如過去祭祀時會燒很多紙錢，或是燒房子、車子等等的紙紮品給亡者，這類的禮俗儀式，因為焚燒易造成空氣汙染，現在都市地區的民眾已經較少在燒紙房子、紙錢，但仍有民眾保留這項傳統儀式，業者一方面為了配合法令和環境保護，一方面希望能滿足消費者的需求，於是著手研發出精緻型的環保紙紮品，而且為了能周到地照顧到消費者的需求，研發了多樣的商品供民眾選擇。

四、殯葬業者的影響

殯葬業者本身也可能影響消費者的消費選單。某些傳統的生命禮儀公司因為接案數很低，可能一個月只有一至兩件，在這樣的情況下為了維持生計，就不停地建議家屬做很多殯葬儀式，消費者因為不清楚殯葬禮俗的做法，很容易聽從生命禮儀公司的說法，未能真正挑選適合自己的殯葬儀式，這種做法不僅容易形成欺騙消費者的嫌疑，其實也不合時宜。

未來殯葬的消費方式重點在於精緻化，儀式禮節的多寡會因人而異，重點在於要能讓家屬選擇出最合適自身的儀式，在殯葬儀式的過程中得到撫慰，可以這麼說——殯葬儀禮重在質而不在量。

消費者因為媒體的傳播，資訊大量的開放，在愈來愈瞭解殯葬產業的情況之下，使得殯葬業者透明化程度增高，憑藉這一點，消費者可以自由檢視產業內容，以消費做為手段要求業者改善進步，不僅維護了消費者自身的權益，也提醒了業者要保持與時俱進的心態，努力成長。

研發的未來趨勢

跟隨時代不停變化的殯葬禮俗影響了殯葬禮品用具的研發，而殯葬禮品用具的研發創意又可能帶動殯葬禮俗的改變，影響民眾的殯葬處理方式，民眾處理殯葬事務的方式可能形成一種風氣，久而久之不斷地延續後就成了一項習俗，變化的過程是環環相扣的，一家優秀的生命禮儀公司如何在商品和儀式的新與舊之間取得平衡，或是推陳出新，找回傳統的意義與價值，都是未來研發的重點。

一、物件和儀禮的研發相輔相成

從殯葬業的角度來看，研發的趨勢不脫創新一途，像是萬安生命近年推出的天堂式場，改進了過去喪禮死板的擺設，變成能夠隨著消費者喜好選擇更改變動的布置，目的是希望能夠讓整場奠禮更加個性化且保有莊嚴，也可以減少耗材（如花山、花海）達到節能減碳、重複使用的環保概念。

不光是在殯葬商品部分有新的改變，在禮俗儀式上也隨著時代的改變加入新的部分，像是奠禮中更動儀式流程：過

除了符合環保概念之外，殯葬禮儀用品也加入美感，圖為金寶山象徵中西融合的藝術品

去奠禮都是家奠禮完再行公奠禮，現在變成先是行家奠禮，再來會有一個追思儀式，播放追思亡者的影片，這是獨立在家奠禮和公奠禮之間的新儀式，目的是能讓陸續前來弔祭的來賓可以瞭解亡者的過去，趁著這段空檔也能讓家屬休息一下，並且整理情緒，播放生命光碟有著撫慰心靈的作用，這是未來的趨勢，讓殯儀過程在種種巧思中擦出創新的火花，保有靈活性又不失正向的意義。

二、結合文創，打開格局

前面章節提到過萬安生命於民國一〇〇年和文化創意產業合作，接連推出了書籍和電影兩項作品，書籍以小說的方式介紹一位禮儀師的養成和其專業的工作內容；電影則是透過劇情呈現化妝師和禮儀服務人員的工作樣貌，這兩項結合了殯葬內容的文創作品，是企業一項突破，也為殯葬產業打開了另一種新的格局，而大膽的嘗試，讓萬安生命和其他的殯葬業者相較之下，在研發創意方面領先群雄。

透過文創的結合，一般民眾能夠更輕鬆自在地接收到殯葬相關的訊息，讓殯葬產業變得更加可親，逐漸使得大眾更加願意接觸殯葬相關事宜，期望民眾未來能視死亡為必經之路，建立起正向的態度。

未來是產業彼此之間多方結合、激發創意的時代，經由合作，讓各種產業能夠以各自的優勢互相支援，彼此相輔相成。

三、觀念改變促使研發提升

在時代的變動下殯葬觀念已有不同的改變，就好像過去人們覺得一定要在家中嚥下最後一口氣才稱得上是善終，可是如今已經有所轉變，因為醫學發達，人們一察覺身體健康出了問題多半會至醫院就診，使得人們最後斷氣的處所大多是在醫院病床上。

善終的觀念在未來將會再度改變，安寧療護的觀念已成了新的主流，這同樣挑戰著人們的觀念，如何向大眾宣導，使其接受是一項困難的任務，也是必須做的事。過去提到善終，多數人想到是人在往生那一刻的狀態，而今「善終」一詞在病理上有了不同的詮釋，有許多病患在生命可能結束的末端時刻，想要的也許不是如何讓生命延續，而是要有尊嚴的好好離開人世，這就是所謂「善終」的新定義。醫療上的善終觀念影響到原本傳統的善終概念，這也是順應社會的改變和個人意識的抬頭。

現在的善終也許要擴大定義從人離開人世的最後那一個時刻接連下去，當喪禮能夠圓滿完成，讓「亡者安息、生者安心」才能算是善終。於是人們可能會需要更多選項的殯葬服務，也就是更加客製化的殯葬禮儀規劃，殯葬業者應盡力滿足民眾所提出的請求，事實上也很有可能是民眾的要求成為殯葬業者創意發想的來源。

每一步殯葬服務的環節中，都可能發生這種情形——在助念時、豎靈時，或奠禮的時候、後續關懷的時刻，不同的家屬有著不一樣的想法，禮儀師在聆聽、評估過後，認為可以發展成大眾普遍應用的部分，就會運用團隊的創意設計，研發出有利於消費者使用，亦能幫助公司提升服務精緻度的商品和儀式。

四、研發轉變殯葬禮儀在人們生命中的地位

創新是永續提升的使命，不只是在儀式商品方面要創新，未來更重要的是改變人們面對死亡的心態——以創新的方式讓民眾接受並且正視。

過去殯葬事宜在不到最後該面對的那一刻是鮮少有人主動提起的，這是因為人們打從心底害怕面對死亡的事實、憂傷失落的痛苦，雖然引進了生前契約而有所發展，但是人們心裡的懼怕並沒有因此消失。

害怕死亡是人的天性，但是願意正視死亡卻是可以透過訓練而達成的，死亡是人生必經過程，雖然不如出生或婚慶充滿喜悅之情，但有時死亡未嘗不是一種解脫，從這個觀點來看，對亡者和生者來說可能是一件好事，人們雖不一定要以愉快的心態來看待死亡，但是要瞭解的是應以正面的心態來看待死亡。

要做到這一點並不是不可能的任務，未來在宣導有關死亡的觀念時，必須找出一套循序漸進的方式，由學界、政府和業者三者一同努力，其中，業者可以做的是規劃活動讓民

眾體驗殯葬事宜，接觸與死亡的相關情境。

例如為後續關懷的服務推出生死感動體驗之旅，為期兩天的體驗營中，帶領民眾參觀世界宗教博物館，觀看不同民族與信仰的生命禮俗及文化；到醫院禮廳觀看追思影片；以及到長庚養生村體驗養生活動及參與生死講座等等，這些活動可以帶給民眾對於死亡、殯葬相關事務的不同感受，未來業者會再多籌辦這類體驗活動，讓民眾能在活動之中降低對未知死亡的恐懼，進而願意多接觸殯葬事務，讓社會能夠養成愈來愈重視殯葬禮儀的風氣。

萬安生命舉辦的養生體驗營，邀請大眾一同來瞭解生死大事

活動設計活潑有趣，參與的民眾反應熱烈

學術的未來趨勢

生老病死是所有人一生中都必須面臨到的處境，在這些人生經歷裡，死亡是較不受人重視、乏人問津的部分，過去大眾的觀念忌諱死亡，不願提起有關死亡的事情，在此狀況之下，學術方面也未建置殯葬產業的專門課程，於是早期的殯葬從業人員即使擁有滿腹的專業知識和實際經驗，也難以完全且有系統地傳承給欲學習的人，一些重要的殯葬文化因此慢慢沒落消逝了。

儘管受到傳媒的影響，殯葬產業漸漸廣為人知，成為一個熱門產業，禮儀師也成為一種新興的職業代名詞，吸引了許多年輕人前來投入殯葬的行業，但是同樣稱為「師」字輩的職業，過去禮儀師的就業過程卻和其他「師」字輩的職業有所不同。

像律師、醫師、會計師等等，都必須針對未來在職業上學以致用的專業技能，先修習過一段時間拿到證明後，才能往下一步路程邁進，例如想要從醫，必須先在醫學院中修完醫療課程，通常要花費七年的時間，接著到醫療院所實習，通過執照的考試才能成為合法的執業醫師；但是過去台灣的學術體制中，雖已設有殯葬課程相關的系所，不過針對禮儀師資格的規劃尚未如其他師字輩的職業制度完備，所幸產、官、學三方面皆不斷地持續努力，政府也於民國一〇一年公布的「殯葬管理條例」修正案中，發表禮儀師證照制度的相關規劃。

未來將結合行政院勞工委員會的「喪禮服務職類」技術士技能檢定，加上修畢殯葬專業學分及從事殯葬相關工作經歷等條件，核發禮儀師證書。此舉將有助於培育殯葬專業人才，改變以往對於殯葬從業人員的刻板印象，再加上現行職業訓練與技能檢定，建構完整的殯葬專業證照制度。

一、擁有培育專才的正規課程以及師資

大眾對於死亡的觀念慢慢開放，願意碰觸死亡的話題，

也認為殯葬品質必須提升，這是促使台灣殯葬產業進步的觀念，不過這樣的觀念尚未成為社會普遍現象，所以反映在學術界的現狀，也就是台灣仍未成立如國外專門學習殯葬技能的學校或是系所。

這是因為人們普遍不瞭解禮儀師的專業技能為何的緣故，一位具備專業職能的禮儀師，需要熟知許多不同領域的知識，例如對於宗教的瞭解有助於協助不同信仰的人們處理身後事；對於心理學的瞭解可以幫助禮儀師瞭解喪親者的心理情緒，從旁協助家屬處理傷痛情緒；對於遺體學和公共衛生學的瞭解，可以讓禮儀師在面對大體時做出適當的處理判斷，大體有無傳染性疾病，若是帶病體如何後續處理。上述是一名優秀的禮儀師需要瞭解並實用的技能，當然還有包括其他的學科，像是要懂得如何布置奠禮會場，要指導家屬撰寫喪葬文書，這也需要美學和文學的素養。

現在的禮儀服務人員當中，有許多是過去靠著直接在殯葬環境裡，一邊工作一邊累積相關知識和技能的，因為職場較不允許犯錯，其實在職場上直接學習，對於從業人員的壓力是比有接觸過殯葬課程的學子還要來得大，雖然成長的速度會非常快，但是從業人員也得在短時間做好心理建設以及調適，這是有其困難度的。

若是能夠透過設置系所專科的學習，讓想踏入殯葬行業的人有管道，獲得真正多面向的學習，經由各科專業老師的教學，去吸收、成長，做好心理和職能上的準備，以期將來

進入殯葬產業能夠發揮所學，一展長才。

二、死亡概念和殯葬禮儀從小教起

學術上除了在學子就業前的專科學程中設立專職學校或科系以外，對於殯葬的觀念更是要從小就開始建立，可以利用通識課程，如欣賞相關題材的電影或影片，從帶有娛樂性質的媒材切入，引發孩子對於死亡的好奇探究之心，帶領他們初步瞭解死亡和殯葬的關聯性以及如何正確面對死亡，人死亡後的後續處理的殯葬禮儀重要性和必要性為何。

殯葬禮儀為中華民族傳統中非常重要的一環，以往主持喪禮的人必須是最有學識涵養且擁有良好品德又具名聲地位的人才得勝任，這乃是因為「慎終追遠」孝道精神的展現，延伸到殯葬實際操作層面時，產生許多具有多重意義的儀式，在這些儀式背後蘊藏對亡者的尊敬和懷想。

喪禮的現場雖然沉重哀傷，容易讓孩子不知所措陷入難過的情境中，但是若有大人從旁協助，將平時教導的殯葬禮儀於此時現場教育，比方說教導孩子要以同理心體諒他人的悲痛，讓孩子學會保持柔軟的心地；或是讓孩子在莊嚴肅穆的氣氛中建立起對先人的尊重；還有其他的殯葬禮儀細節也讓孩子從小慢慢接觸，消除陌生感。

喪禮教化的目的，除了悲傷撫慰之外，還有生命禮儀、生活禮節的認知等等，這些都是從小即能灌輸給孩子的殯葬觀念，讓學子知道殯葬禮儀的重要性以及背後的意義，有助

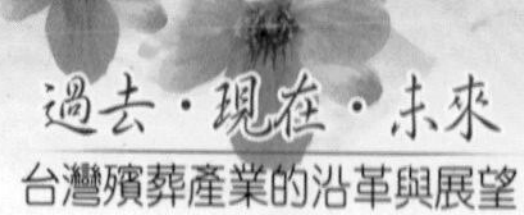

於孩子在未來碰到狀況時曉得如何妥善處理。

如此理想的狀態，除了家長本身的家庭教育之外，還必須由政府介入和學界一同規劃，邀請專家學者討論出一套從小學、中學到高中職的殯葬教育進程，讓學校教育和家庭教育雙管齊下，以期達到最大的成效。

三、強化現職人員的技能和一般民眾的殯葬禮儀觀念

政府和學界以及業界應該三方合作，鼓勵在職人員回校進修、吸收新知，開辦講座是方法之一，幫助禮儀師充實自身涵養，讓禮儀師在服務時能夠有更好的服務品質。

政府、學界和業界也應一起協助舉辦各種殯葬相關的講座，對象是針對一般的大眾，廣邀民眾參與，藉由演講或其他方式來向民眾宣揚殯葬常識和新知，強化民眾在生活中的殯葬教育，以期成就人人懂禮、遵禮的社會風氣。

結語

過去・現在・展望未來

過去殯葬業因為傳統忌諱死亡的觀念，鮮少獲得大眾的注目，多數人只在遇到自己親人的喪事時才有所接觸，但是在失落悲傷的情緒中，難以整理心緒思考殯葬儀式和禮器等等殯葬相關事宜背後的意涵，過去的殯葬從業人員也未有教導民眾認識殯葬禮儀的概念，導致殯葬業過去長時間以來都像是披著一層厚厚的面紗，讓人感覺神秘禁忌。

其實殯葬禮儀由來已久，是中華文化中相當重要的一部分，古時候殯葬禮儀的主事者多半是具有淵博學識或名望地位之人，協助人們在傷心難過的治喪期間，處理好大大小小各種繁瑣的殯葬事宜，讓生者能夠順利圓滿地送走所愛之人；而長久以來，殯葬儀式和使用的禮器逐漸形成規範，進而成為傳統。

可惜歷時已久的殯葬禮儀在長時間流傳的過程中，許多的傳統儀式或禮儀用品背後蘊含的深意被人遺忘，喪親者在不瞭解禮儀的情況之下，殯葬從業人員也未能有與其妥善溝通說明的觀念，致使部分殯葬儀式和禮儀用品受到懷疑或遭到誤解。又因後來社會發展變化快速，生活環境和觀念也與過往有許多不同，殯葬相關事宜還未能跟上腳步，一同改進提升，於是產生了一些不合時宜的情形，讓一般大眾對於殯葬行業的整體印象，大多為負面感覺。

幸而產、官、學三方皆感受到時代的脈動，也加緊腳步致力於改善殯葬產業，官方配合整體環境的變遷，修正殯葬相關的法案，明訂出目標和規範，在建立新的概念和維持優良傳統中找到平衡，讓殯葬業者和民眾有所依循。

而殯葬業者則因身處其中，自然能感受到大環境的變動，部分敏銳的殯葬業者更能洞察機先，掌握趨勢的發展逐步改進，萬安生命是其中的一員，從率先改革太平間為始，一步一步地以真誠服務的心態，保留過往公司良善的經營理念，也不忘參考國外優秀的殯葬措施和觀念，加入自己創新的想法與行動，不僅改善了硬體設備，也全面提升公司內部員工的服務態度，盡力做到「待客如親，視逝如生」的服務理念，達成生歿兩安的終極目標。

現今的殯葬產業經過多年來的改革，已經轉型成為生命禮儀服務業，具備優質的條件，多能依照消費者的需求為之辦理，使消費者的要求獲得滿足。比起過去較為封閉的思想觀念，大眾如今也慢慢能夠接受並且願意主動去瞭解殯葬相關事宜，在這樣開放暢通的情況之下，業者和顧客雙方都能以更開闊的態度來面對，對於「亡者安息、生者安心」境界的達成也會更加容易。

未來，殯葬業者應繼續保持用心誠懇的服務態度，努力研發深具傳統意涵又能符合時代潮流的殯葬禮儀和用品，向

民眾推廣正向面對死亡的心態，以成為民眾的生死顧問師為目標；和政府以及學界共同努力經營，期許台灣的殯葬產業能夠不斷地進步改善，發展出擁有深刻意義又獨特的殯葬文化，並將優秀的殯葬文化發揚光大於國際的舞台上。

過去・現在・未來——台灣殯葬產業的沿革與展望

作　　者／萬安生命科技股份有限公司
審　　閱／林江漢、吳寶兒、王智宏
文字編撰／張芳瑜、蘇家興、王別玄
出 版 者／威仕曼文化事業股份有限公司
發 行 人／葉忠賢
總 編 輯／閻富萍
特約執編／鄭美珠
地　　址／新北市深坑區北深路三段 260 號 8 樓
電　　話／(02)8662-6826
傳　　真／(02)2664-7633
網　　址／http://www.ycrc.com.tw
E-mail ／service@ycrc.com.tw
印　　刷／鼎易印刷事業股份有限公司
ISBN ／978-986-6035-10-4
初版一刷／2012 年 9 月
定　　價／新台幣 320 元

國家圖書館出版品預行編目(CIP)資料

過去・現在・未來：台灣殯葬產業的沿革與展望 / 萬安生命科技股份有限公司著. -- 初版. -- 新北市：威仕曼文化, 2012.09
面； 公分

ISBN 978-986-6035-10-4 (平裝)

1.殯葬業 2.服務業管理

489.67 101016380